技工院校工学一体化课程教学资源
技工院校数控加工专业工学一体化教材

简单零件钳加工

信息页

主编◎崔兆华

中国劳动社会保障出版社

简介

本书为技工院校数控加工专业“简单零件钳加工”工学一体化课程的信息页，依据《数控加工（数控车工）专业国家技能人才培养工学一体化课程标准》编写，供各地技工院校开展工学一体化教学使用。

本书分为“上篇　知识手册”“中篇　数字资源”“下篇　知识索引”三部分，包含“简单零件钳加工”工学一体化课程的理论知识与实践知识，可与《简单零件钳加工工作页》配套使用。

图书在版编目（CIP）数据

简单零件钳加工信息页 / 崔兆华主编 . -- 北京 : 中国劳动社会保障出版社，2025. --（技工院校工学一体化课程教学资源）（技工院校数控加工专业工学一体化教材）. -- ISBN 978-7-5167-6890-7

Ⅰ. TG9

中国国家版本馆 CIP 数据核字第 2025H9J695 号

简单零件钳加工信息页

JIANDAN LINGJIAN QIANJIAGONG XINXIYE

中国劳动社会保障出版社出版发行

（北京市惠新东街 1 号　邮政编码：100029）

*

三河市华骏印务包装有限公司印刷装订　新华书店经销

880 毫米 ×1230 毫米　16 开本　10 印张　238 千字

2025 年 8 月第 1 版　2025 年 8 月第 1 次印刷

定价：33.00 元

营销中心电话：400-606-6496

出版社网址：https://www.class.com.cn

https://jg.class.com.cn

技工院校工学一体化课程教学资源
技工院校数控加工专业工学一体化教材

开发院校

牵头院校：临沂市技师学院
参与院校：开封技师学院　江苏省常州技师学院

指导专家

陈立群　杨伟波　孙晓华　张　良　史永利

本书编审人员

主　　编：崔兆华
参　　编：王　蕾　果连成　孙喜兵　崔人凤
主　　审：邵明玲

序

技工教育的本质是就业教育，其最显著的特征是职业性，其最好的培养模式就是“在工作中学习、在学习中工作”。培育大批高技能人才，既要适应新一轮科技革命和产业变革的需要，也要遵循技能人才成长发展规律，创新技能人才培养方式。推进工学一体化技能人才培养模式改革是推进校企融合、提质培优的重要途径，是技工院校服务制造业和实体经济发展的务实举措。

2009 年，人力资源社会保障部办公厅印发了《技工院校一体化课程教学改革试点工作方案》，分三批在部分技工院校试点开展工学一体化课程教学改革工作，到 2021 年已经覆盖 31 个专业 191 所部级试点院校。经过十多年的发展，理念得到认同、试点不断扩大、学生学习兴趣明显提高，取得了显著成效。2022 年 3 月，人力资源社会保障部印发《推进技工院校工学一体化技能人才培养模式实施方案》，提出在全国技工院校大力推进工学一体化技能人才培养模式，实现百个专业、千所院校、万名教师的“百千万”工作目标，以促进技工院校人才培养模式变革、提升技能人才培养质量、带动形成技工院校改革创新新局面。

新一轮工学一体化课程教学改革开展聚焦“课程标准”“课程资源”“教师培养”三项重点工作，为持续推进技工院校工学一体化技能人才培养模式实施奠定了坚实基础。印发《〈国家技能人才培养工学一体化课程标准〉开发技术规程》，出版《工学一体化课程开发指导手册》，分三阶段指引完成 103 个专业国家技能人才培养工学一体化课程标准与课程设置方案开发；编制《工学一体化课程教学资源开发指南》，开发第一批 14 个专业 37 门课程工学一体化课程教学资源；印发《技工院校工学一体化教师培训标准》，出版《工学一体化教师培训指导手册》，依托工学一体化教师培训基地培育师资队伍；印发《技工院校工学一体化课堂、课程、专业、院校建设标准》，出版《工学一体化课程教学实施指导手册》，指引 1 000 所技工院校对标开展工学一体化优质课堂、精品课程、示范专业、骨干院校的建设工作，实现以评促建的目标。

教材建设是教学改革成果固化的重要载体。本次工学一体化课程教学资源按照工作逻辑呈现实践、理论知识和素养，遵循工作过程六步法，从工作向“工作 + 学习”融合，通过引导问题层层递进，实现“输入—内化—输出—考核”的学习闭环，突出学生心智技能和思维的培养，强调学生个人成长的积累。近年来，通过指导专家、几百位试点院校的骨干教师以及编辑团队共同努力，产出了教学指导用书、工作页及答案、信息页及数字资源等形式的系列教材学材，以满足技工院校的教学使用需求。

本系列教材及配套资源的出版，不仅是对本轮技工院校工学一体化技能人才培养模式改革工作的阶段性总结，也是打通从课程标准到课堂实施最后一公里的全新尝试，意义深远。希望全国技工院校将推行工学一体化技能人才培养模式作为创新人才培养模式、提高人才培养质量的重要抓手，为加快培养具有良好工作思维与习惯、自主学习意识与能力、精湛专业技艺与技能的复合型技能人才作出新的更大贡献！

技工教育和职业培训教学指导委员会

2025 年 4 月

目 录

上篇 知识手册

中篇 数字资源

下篇　知识索引

上篇

知识手册

第一章 钳工岗位认知与安全文明生产

第一节　钳工岗位认知

一、钳工工作内容

钳工是使用钳工工具或设备，以手工操作的方法为主，对工件进行加工的一个工种，因常在钳台上用台虎钳夹持工件操作而得名。

在机械制造过程中，一般采用机械加工方法不太适宜或难以解决的工作，都要由钳工来完成，如零件加工中的划线、配刮、研磨等。钳工的特点是以手工操作为主、灵活性强、工作范围广、技术要求高，操作者的技能水平对产品质量的影响大。钳工是机械制造业中不可或缺的工种。

钳工的基本操作内容包括测量、划线、錾削、锯削、锉削、钻孔、扩孔、锪孔、铰孔、攻螺纹、套螺纹、刮削、研磨等，见表 1–1。

表 1–1　钳工的基本操作内容

序号	操作图示	操作内容	操作简介
1	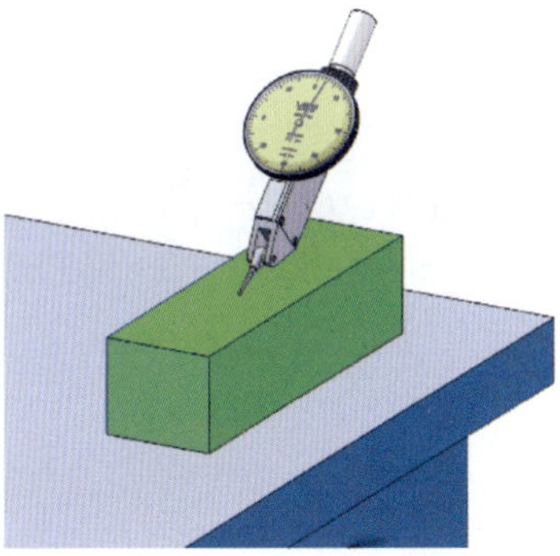	测量	用量具、量仪检测工件或产品的尺寸、形状和位置是否符合图样技术要求的操作
2	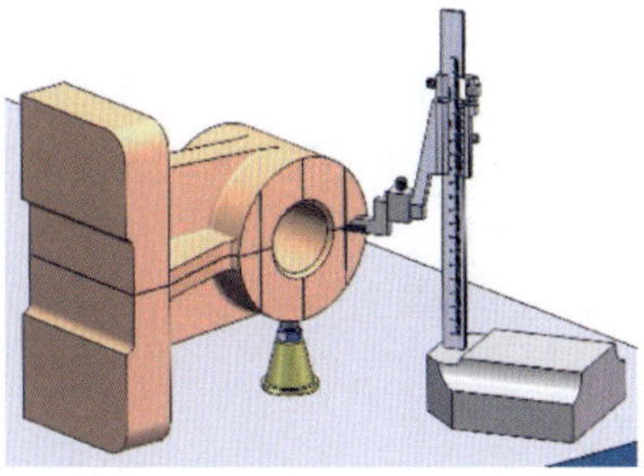	划线	用划线工具在毛坯或工件上划出待加工部位的轮廓线或作为基准的点、线的操作

续表

序号	操作图示	操作内容	操作简介
3	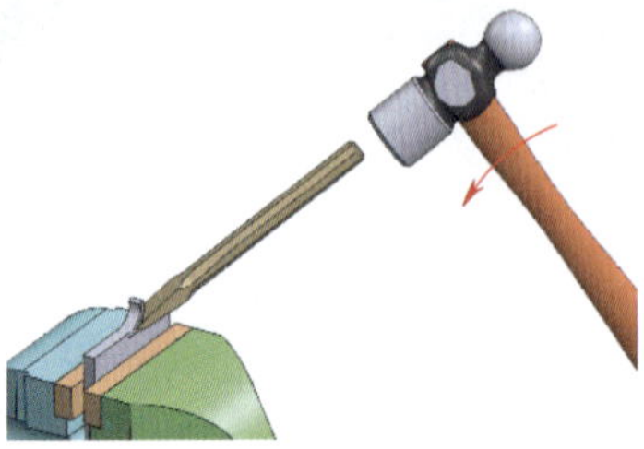	錾削	用锤子打击錾子对金属工件进行切削加工的方法
4	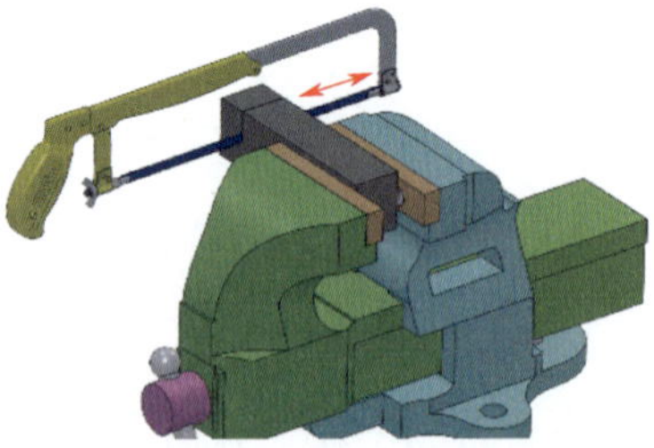	锯削	用手锯对材料或工件进行切断或切槽等的加工方法
5	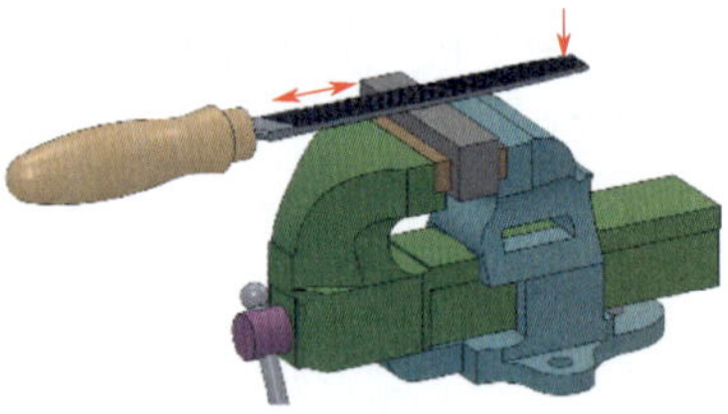	锉削	用锉刀对工件进行切削加工的方法
6	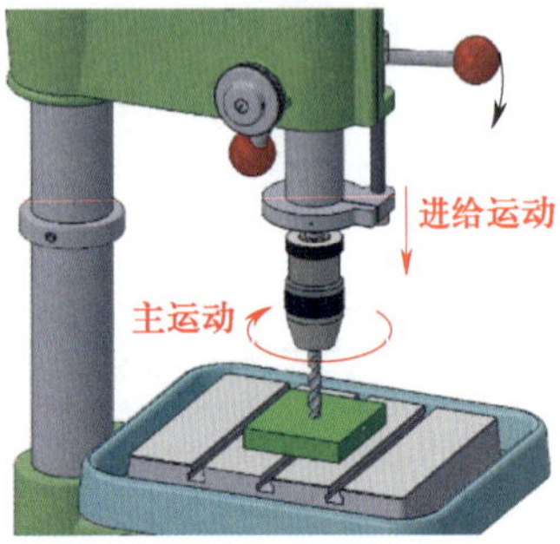 进给运动 主运动	钻孔、扩孔和锪孔	钻孔：用钻头在实体材料上加工孔的方法 扩孔：用扩孔工具扩大工件孔径的方法 锪孔：用锪削方法加工平底或锥形沉孔的方法
7	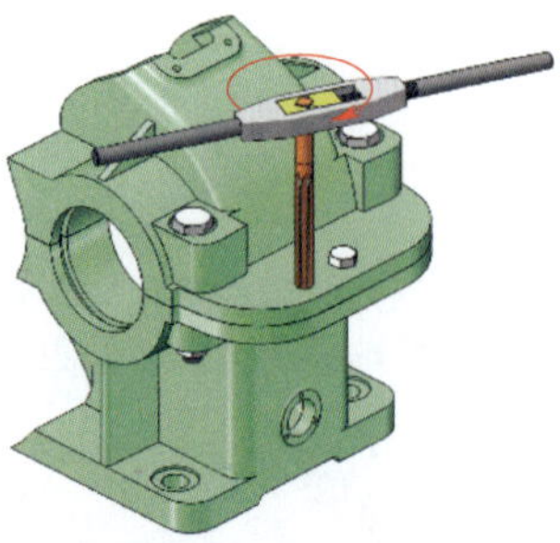	铰孔	用铰刀从工件孔壁上切除微量金属层，以提高其尺寸精度和表面质量的方法

续表

序号	操作图示	操作内容	操作简介
8		攻螺纹和套螺纹	攻螺纹：用丝锥加工工件的内螺纹的方法 套螺纹：用板牙或螺纹切头加工工件的螺纹的方法
9		刮削	用刮刀刮除工件表面薄层的加工方法
10		研磨	用研磨工具和研磨剂从工件上研去一层极薄表面层的精加工方法

二、钳工工作场地

钳工工作场地（图 1–1）是钳工生产或实习的场所。

图 1–1　钳工工作场地

1. 钳工工作场地常见工具

钳工工作场地常见工具名称及用途见表 1–2。

表 1-2　　钳工工作场地常见工具名称及用途

图示	工具名称	用途
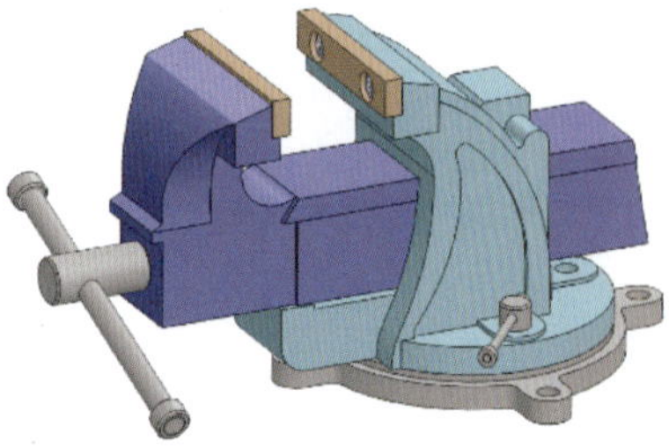	台虎钳	装在钳台上，用钳口夹持工件的工具
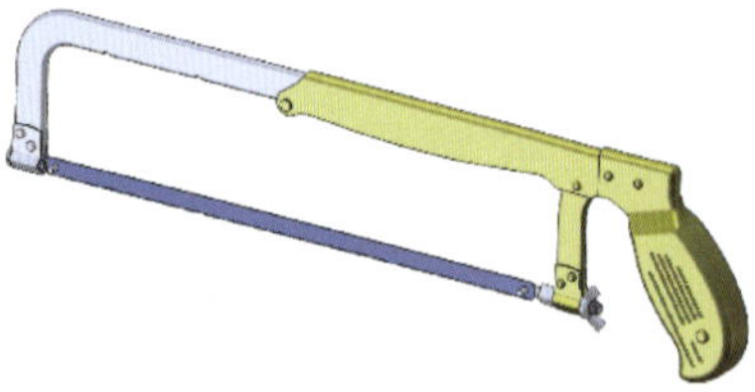	手锯	手工锯削的工具
	平板	用于检验或划线的平面基准器具
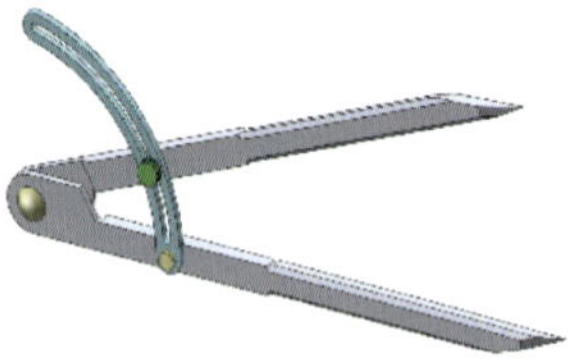	划规	圆规式划线工具
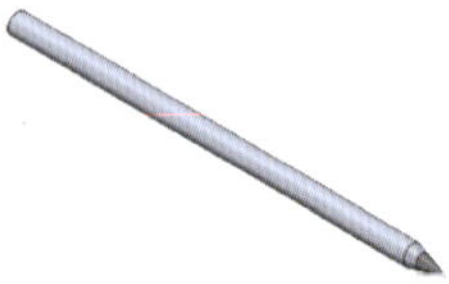	划针	用于在工件上划线的工具
	划线盘	带有划针的可调划线工具，用于划线或找正工件的位置

续表

图示	工具名称	用途
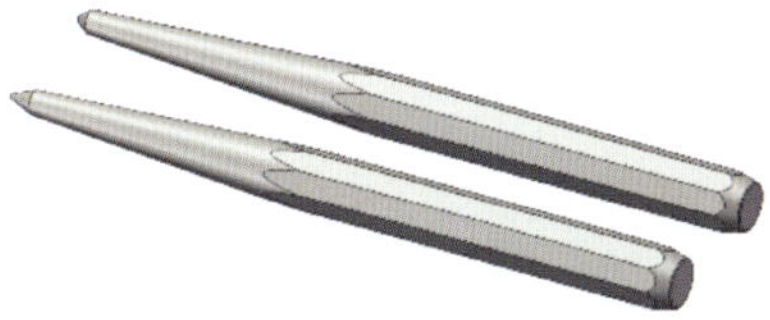	样冲	用于在工件上打出样冲眼的工具
	锉刀	用于锉削的工具
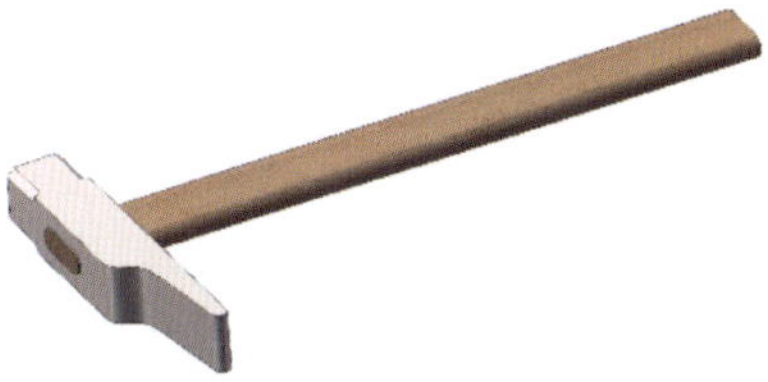	锤子	带柄的锤击工具
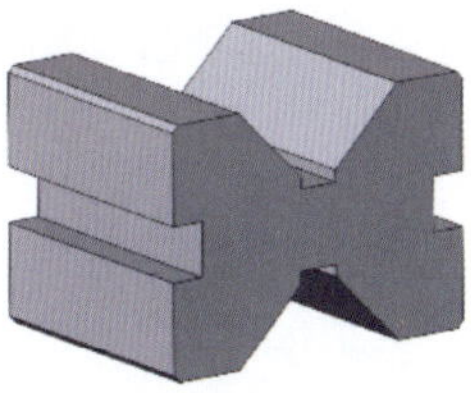	V 形架	测量中的辅助工具
	划线方箱	夹持工件，能根据需要转换位置的划线工具
	千斤顶	用于支持毛坯或形状不规则的工件进行立体划线的工具
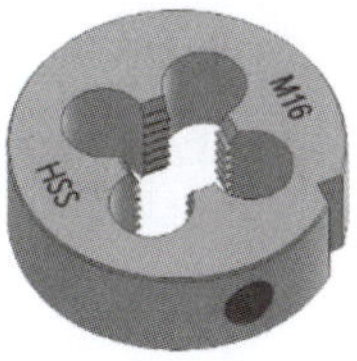	板牙	加工外螺纹的工具

续表

图示	工具名称	用途
	刮刀	用于刮削的工具
	钻头	用于钻削加工的一类刀具
	丝锥	加工圆柱形和圆锥形内螺纹的标准工具

2. 钳工工作场地常见量具

钳工工作场地常见量具的名称及用途见表 1–3。

表 1–3　　钳工工作场地常见量具的名称及用途

图示	量具名称	用途
	游标卡尺	带有测量卡爪并用游标读数的量尺，可用于测量长度、直径、宽度和深度等尺寸
0.01 mm 0~25 mm	千分尺	用微分筒读数的示值为 0.001 mm 的量尺，主要用于测量长度

续表

图示	量具名称	用途
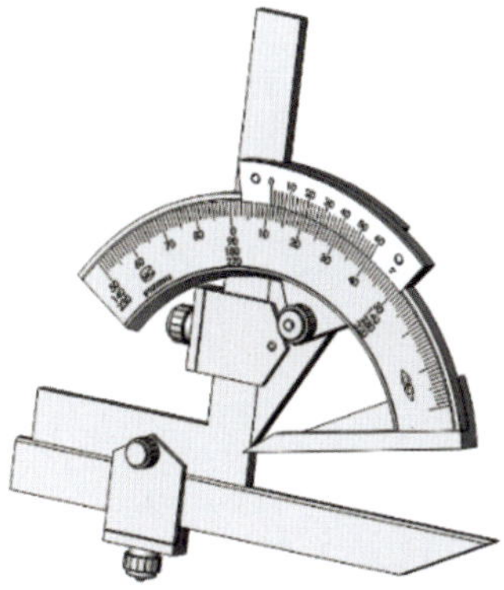	游标万能角度尺	用游标读数，可测量任意角度的量尺
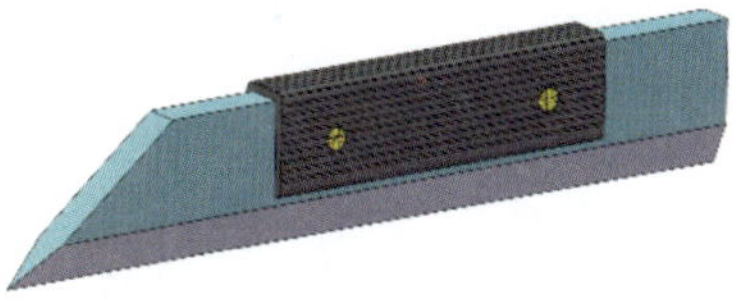	刀口尺	用光隙法检验直线度或平面度的量尺
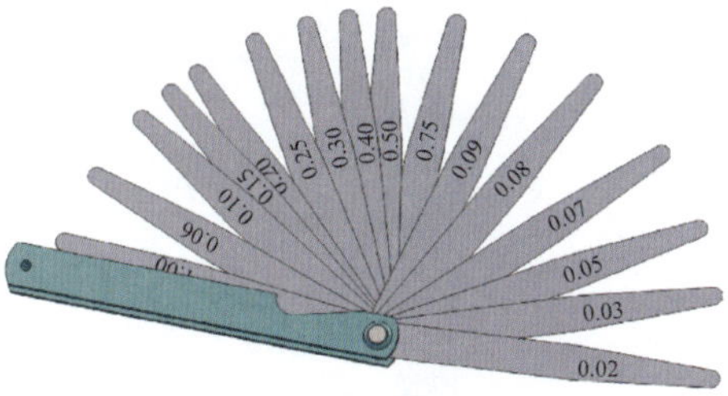	塞尺	测量间隙的薄片量尺
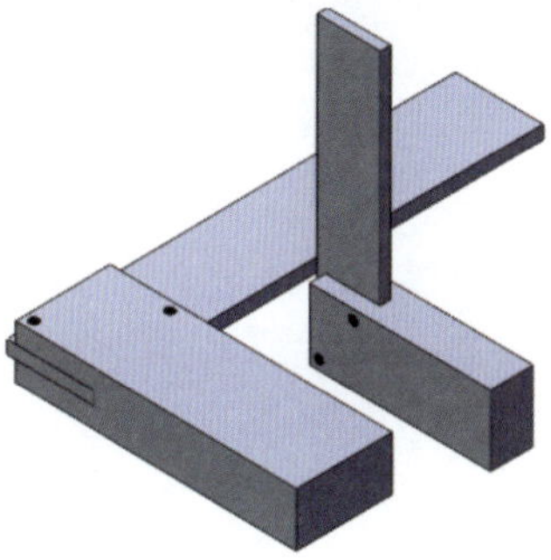	直角尺	检测直角用的非刻线量尺
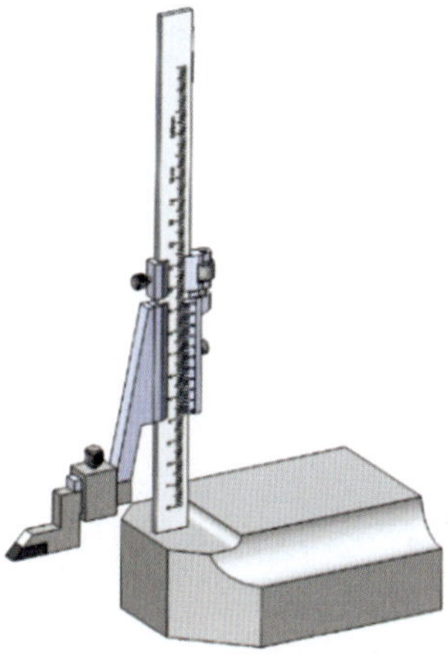	游标高度卡尺	用游标读数的高度量尺，主要用途是测量工件的高度，另外还经常用于测量形状和位置误差，有时也用于划线

续表

图示	量具名称	用途
	钢直尺	不可卷的钢质板状量尺，主要用于测量长度
	百分表	分度值为 0.01 mm，指针可转一周以上的机械式量表，主要用于测量各种工件的直线尺寸、几何误差

3. 钳工工作场地的合理安排

合理安排钳工的工作场地，是提高劳动生产率、保证工作质量和安全生产的一项重要措施。因此，必须做到以下几点：

（1）主要设备的布置要合理。

（2）毛坯和工件要有规则地存放，尽量放在搁架上。

（3）工具的摆放要整齐，不任意堆放，以防损坏或取用不便。

（4）工作场地应经常整理和清扫。

第二节　钳工安全文明生产

一、钳工安全生产知识

1. 工作时必须按规定穿戴好劳动防护用品。

2. 不得擅自使用不熟悉的设备和工具。

3. 使用电动工具时，插头插座必须完好，外壳要接地，并应戴绝缘手套，穿绝缘靴，以防止触电。如发现防护用具失效，应立即修补或更换。

4. 多人作业时，必须有专人指挥调度，密切配合。

5. 使用起重设备时，应遵守起重工安全操作规程。在吊起的工件下面，禁止任何人员穿行。

6. 高空作业时必须戴安全帽，系安全带。不准上下投递工具或零件。

7. 易滚、易翻的工件，应放置牢靠。搬动工件时要轻放。

8. 启动设备前要检查电源连接是否正确，各部分的手柄、行程开关、撞块等是否灵敏可靠，传动系统的安全防护装置是否齐全，确认无误后方可启动设备。

二、钳工文明生产知识

1. 主要设备的布置要合理、适当，如：钳台要放在便于工作和光线适宜的位置；对面设置的紧邻钳台，中间要装安全防护网；钻床和砂轮机一般应放在工作场地的边沿，以保证安全。

2. 要经常检查所使用的机床和工具（如钻床、砂轮机、手电钻等），发现故障应及时报修，在修复前不得使用。

3. 在钳台上进行錾削时，要有防护网。清除切屑要用刷子，不得直接用手或棉纱清除，也不可用嘴吹。

4. 毛坯和已加工的工件应放在规定位置，排列要整齐、平稳，以保证安全，便于取放，并避免碰伤已加工过的工件表面。

5. 工具、量具安放的要求

（1）在钳台上工作时，工具、量具应按次序排列整齐，常用的工具、量具要放在工作位置附近，且不能超出钳台边缘。

（2）量具不能与工具或工件混放在一起，应放在量具盒内或专用的搁架上。精密量具要轻放，使用前要检验其精度，并定期检修。

（3）工具要整齐地安放在工具箱内，并有固定位置，不得任意堆放，以防损坏和取用不便。

（4）量具使用完毕应擦干净，并在工作面上涂油防锈。

6. 工作场地应经常整理和清扫。工作完毕，用过的设备和工具都要按要求进行清理和涂油，工作场地要清扫干净，切屑、余料、垃圾等要放在指定地点。

三、“7S”管理

“7S”是整理（seiri）、整顿（seiton）、清扫（seiso）、清洁（seiketsu）、素养（shitsuke）、安全（safety）和节约（saving）这 7 个词的缩写。因为这 7 个词日文和英文中的第一个字母都是“S”，所以简称为“7S”。开展以整理、整顿、清扫、清洁、素养、安全和节约为内容的活动，称为“7S”活动。

1. 整理

整理指的是把需要与不需要的物品分开，再将不需要的物品加以处理，这是开始改善生产现场的第一步。其要点是对生产现场的现实摆放和停滞的各种物品进行分类，区分什么是现场需要的，什么是现场不需要的；其次，对于现场不需要的物品，诸如用剩的材料、多余的半成品、切下的料头、切屑、垃圾、废品、多余的工具、报废的设备、员工的个人生活用品等，要坚决清理出生产现场，这项工作的重点在于坚决把现场不需要的东西清理掉。整理的目的是增加作业面积、物流畅通、防止误用等。

2. 整顿

整顿指的是把必要的东西定位放置，使用时随时能找到，减少寻找时间；现场整齐，一目了然，没有不安全因素，没有“跑、冒、滴、漏”现象。整顿是对整理后需要的东西的整顿。其要点是需要的东西定位摆放，能做到过目知数，用完的物品归还原位，工装器具要按类别、规格摆放整齐。其核心是每个人都参加整顿，在整顿过程中制定各种管理规范，人人遵守，贵在坚持。整顿同时也为提高工作效率打下基础。

3. 清扫

清扫指的是将生产现场的灰尘、油污、垃圾清除干净，提高设备以及工装器具的清洁度和润滑度，保证生产现场地面整洁、干净。其要点是每个人要把自己用的东西清扫干净，不是单靠清洁工来完成。清扫的目的就是要使生产时弄脏的现场恢复干净。

4. 清洁

整理、整顿、清扫这三项的坚持与深入就是清洁。清洁同时也包括对有害人体的油、尘、噪声、有毒气体的根除。其要点是坚持和保持，不搞突击。清洁可以美化现场，消除灾害发生的根源。

5. 素养

素养指的是培养现场作业人员执行作业规范、遵守现场规章制度的习惯和作风，提高人员的素质。这是“7S”活动的核心。没有人员素质的提高，“7S”活动不能顺利开展，即使开展了也不能坚持。因此“7S”活动要始终着眼于提高人员的素质。

6. 安全

安全指的是清除隐患，排除险情，预防事故的发生，目的是保障员工的人身安全，保证生产连续、安全、正常地进行，同时减少因安全事故而带来的经济损失。

7. 节约

节约指的是对时间、空间、能源等方面合理利用，以发挥它们的最大效能，从而创造一个高效率的、物尽其用的工作场所。节约是对整理工作的补充和指导。

第二章 钳工常用设备

第一节 钳工工作台

一、钳工工作台的组成

钳工工作台又称钳台或钳桌，如图 2–1 所示。钳台用于安装台虎钳、放置工具和工件等，钳台高度以 800～1 000 mm 为宜，其长度和宽度可随工作需要而定。为保证钳台工作时的稳定性，钳台一般由钢和铸铁制成，也可以由质地坚硬的木材或复合板制成，台面上安装台虎钳、照明灯、挂板等。

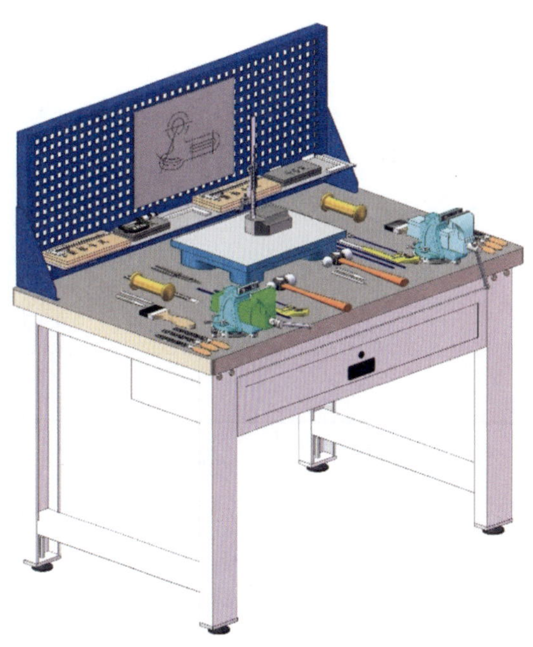

图 2–1 钳工工作台

二、钳工工作台安全要求

1. 钳台一般要求紧靠墙壁，人站在一面工作，对面不准有人，如大型钳台对面有人工作时，中间必须设置密度适当的安全网。钳台必须安装牢固，不允许被用作铁砧。
2. 钳台上使用的照明电压不得超过 36 V。
3. 钳台上的杂物要及时清理，工具、量具和刃具分开放置，以免因混放而损坏。
4. 摆放工具时，不能让工具伸出工作台边缘，以免其被碰落而砸伤人脚。

第二节 台 虎 钳

一、台虎钳的种类

台虎钳是用来夹持工件的通用夹具，按结构分为固定式（代号为 G）和回转式（代号为 H）两种类型，如图 2–2 所示；按夹紧力分为轻级（代号为 Q）和重级（代号为 Z）两种类型。

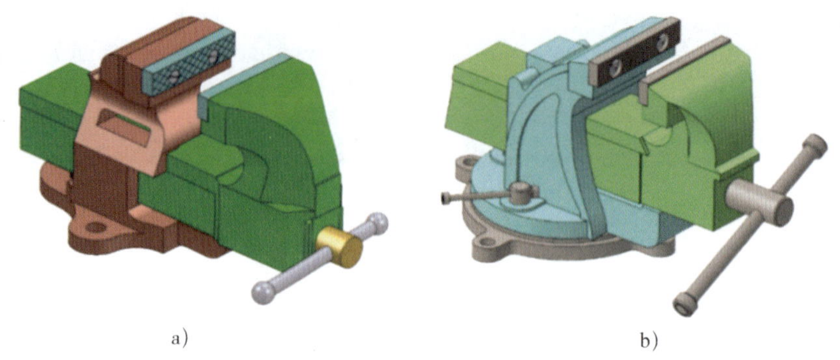

图 2-2　台虎钳
a）固定式台虎钳　b）回转式台虎钳

二、回转式台虎钳的结构和工作原理

回转式台虎钳的结构如图 2-3 所示。活动钳身通过导轨与固定钳身的导轨做滑动配合。螺杆装在活动钳身上，可以旋转，但不能轴向移动，并与安装在固定钳身内的螺杆螺母配合。当摇动手柄使螺杆旋转时，就可以带动活动钳身相对于固定钳身做轴向移动，从而夹紧或放松工件。弹簧借助挡圈和开口销固定在螺杆上，其作用是当要放松工件时，可使活动钳身快速退出。在固定钳身和活动钳身上均装有钢制钳口铁，并用螺钉固定。钳口铁的工作面上制有交叉的网纹，使工件夹紧后不易产生滑动。钳口铁经过热处理淬硬，具有较好的耐磨性。固定钳身装在转座上，并能绕转座轴线转动，当转到要求的方向时，扳动夹紧手柄使夹紧螺钉旋紧，便可在夹紧盘的作用下使固定钳身紧固。转座上有三个螺栓孔，用以与钳工工作台固定。

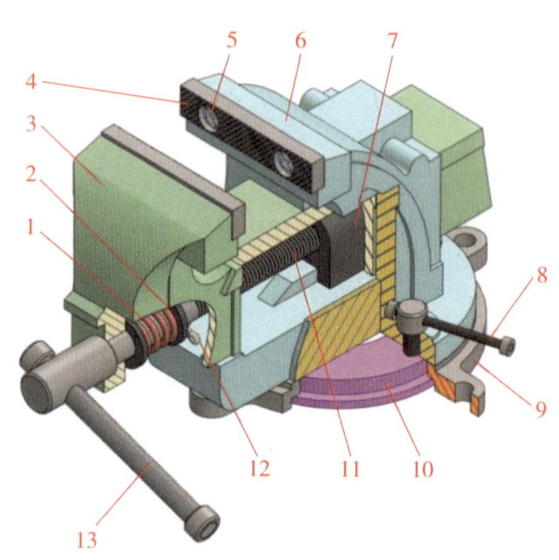

图 2-3　回转式台虎钳的结构
1—弹簧　2—挡圈　3—活动钳身　4—钳口铁
5—螺钉　6—固定钳身　7—螺杆螺母　8—夹紧手柄
9—转座　10—夹紧盘　11—螺杆　12—开口销
13—手柄

三、台虎钳的基本尺寸及标记

1. 基本尺寸

台虎钳的基本尺寸应符合国家质量检测标准 QB/T 1558.2—2017 的规定，见表 2-1。

表 2-1　台虎钳的基本尺寸　mm

规格	钳口宽度 w		最小开口度 l		最小喉部深度 h	
	基本尺寸	极限偏差	重级	轻级	重级	轻级
75	75	± 1.50	75	50	45	40
90	90	± 1.50	90	64	50	43

续表

规格	钳口宽度 w		最小开口度 l		最小喉部深度 h	
	基本尺寸	极限偏差	重级	轻级	重级	轻级
100	100	± 1.75	100	75	55	45
115	115	± 1.75	115	90	60	50
125	125	± 1.75	125	100	65	55
150	150	± 2.00	150	125	75	65
200	200	± 2.00	200	150	100	80

注：1. 钳口宽度（w）是指台虎钳的钳口铁宽度。
2. 开口度（l）是指台虎钳的两钳口铁夹持面之间的最大有效开口距离。
3. 喉部深度（h）是指钳口铁顶面到活动钳体的上导轨面或下方部件顶面的距离。

2. 标记

台虎钳的产品标记由产品名称、标准号、规格和型式代号组成。

示例 1　规格为 75 mm 的轻级固定式普通台虎钳的标记为：普通台虎钳 QB/T 1558.2—75QG；

示例 2　规格为 150 mm 的重级回转式普通台虎钳的标记为：普通台虎钳 QB/T 1558.2—150ZH。

四、台虎钳的使用与维护

台虎钳的使用与维护见表 2–2。

表 2–2　**台虎钳的使用与维护**

操作步骤	示意图	操作要点与要求
1. 台虎钳钳口的开合		操作要点：当顺时针转动手柄时，通过螺杆、螺杆螺母带动活动钳身将工件夹紧；当逆时针转动手柄时，将工件松开
		要求：动作连贯、迅速，能记住旋转方向与钳口开合的关系
2. 观察并调整钳口铁		操作要点：打开钳口，观察钳口铁网格，网格的作用是可靠地夹紧工件。如果钳口铁松动，可用旋具拆下螺钉，清理钳口铁安装平面上的铁屑等杂物，然后再装上钳口铁，并紧固好螺钉
		要求：钳口铁安装无间隙、紧固可靠，两钳口合拢后能平齐

续表

操作步骤	示意图	操作要点与要求
3. 台虎钳夹紧螺钉的松开	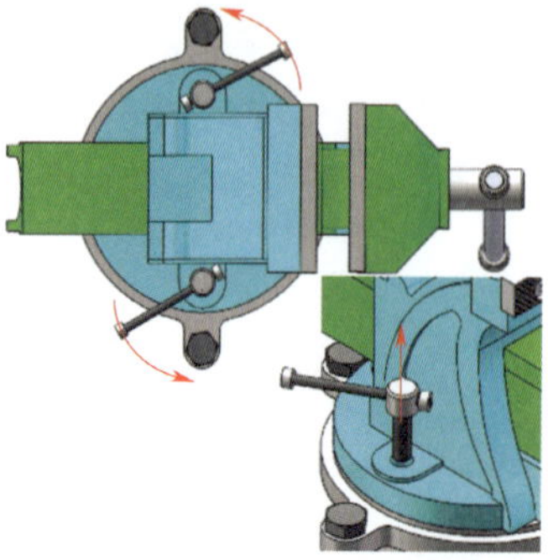	操作要点：双手分别旋松两侧夹紧螺钉 要求：卸下两只夹紧螺钉
4. 台虎钳上半部分与底座的分离	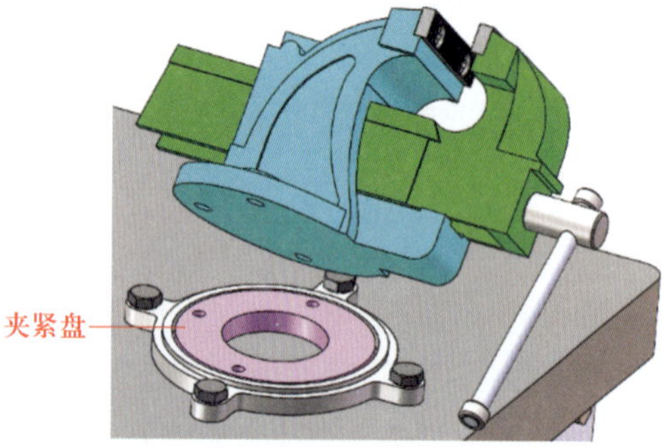 夹紧盘	操作要点：将台虎钳上半部分与底座分离，小心地放置在一边台面上 要求：检查底座内夹紧盘有无损坏断裂，如有损坏，可在教师指导下修理或更换
5. 台虎钳活动钳身与固定钳身的分离，螺杆的维护保养	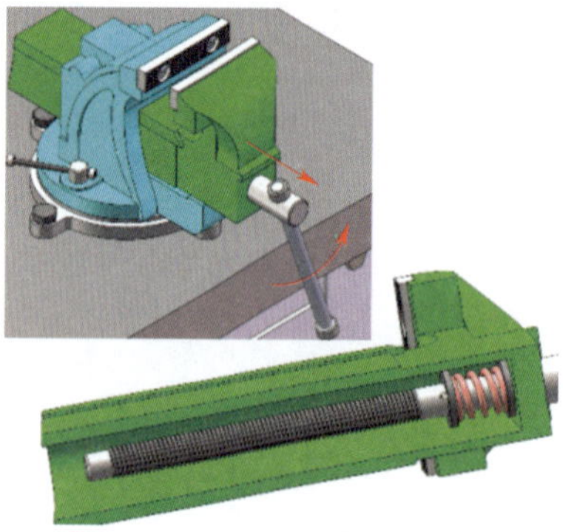	操作要点：将台虎钳活动钳身旋出，使之与固定钳身分离。清洁内部杂物，并在螺杆上加注润滑油 要求：检查螺杆固定端弹簧、挡圈和开口销是否完好，如有损坏，可在教师指导下修理或更换
6. 台虎钳固定钳身内螺杆螺母的保养维护	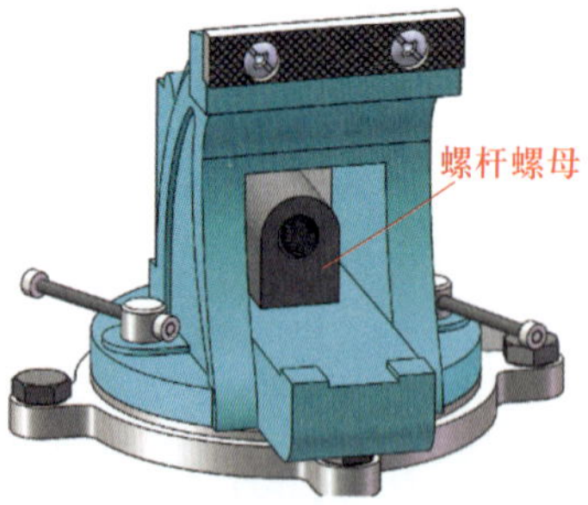 螺杆螺母	操作要点：清洁螺杆螺母内部杂物，并加注润滑油 要求：检查并调整螺杆螺母的固定螺钉，使其能刚好将螺杆螺母压住，但又不至于太紧，螺杆螺母仍可做左右小幅回转为止
7. 台虎钳的装配	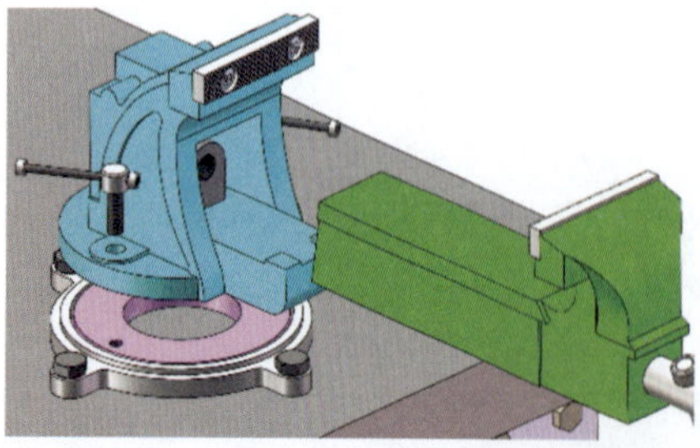	操作要点：将固定钳身装到转座上，并旋紧两侧的夹紧螺钉，将活动钳身推入固定钳身内。注意使螺杆对准螺杆螺母，然后旋动手柄使活动钳身与固定钳身合拢 要求：安装后，旋入、旋出活动钳身要灵活，无异响和阻滞现象。两侧夹紧螺钉松开时台虎钳能回转自如，夹紧时则能完全固定

五、台虎钳使用的安全要求

1. 夹紧工件时要松紧适当，只能用手扳紧手柄，不得借助其他工具加力。
2. 强力作业时，应尽量使力朝向固定钳身。
3. 不许在活动钳身和光滑平面上敲击作业。
4. 对螺杆、螺杆螺母等活动表面应经常清洗、润滑，以防生锈。
5. 钳台装上台虎钳后，钳口高度应与操作者手抵下颚的手肘平齐。

第三节　砂　轮　机

一、砂轮机的种类

砂轮机（图 2–4）是用来刃磨各种刀具、工具的常用设备，它主要由基座、砂轮、电动机和防护罩等组成。砂轮机的类型主要有台式砂轮机（JB/T 4143—2014）和落地砂轮机（JB/T 3770—2017）两种。

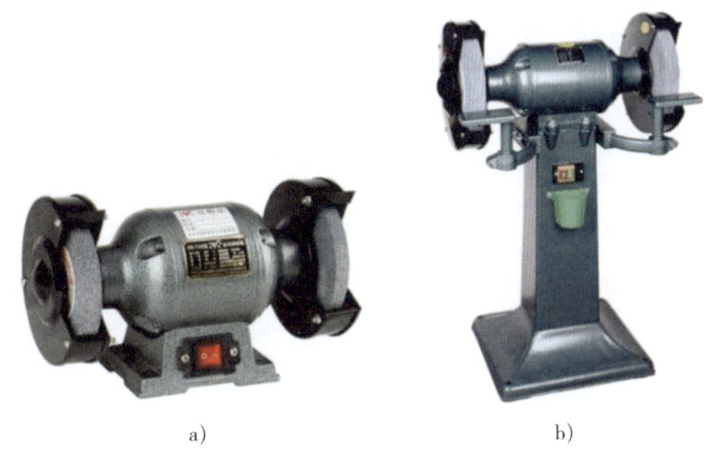

a)　　b)

图 2–4　砂轮机
a）台式砂轮机　b）落地砂轮机

二、砂轮机使用的安全要求

1. 砂轮机启动后应运转平稳，若跳动明显应及时停机调整。
2. 砂轮旋转方向要正确，磨屑只能向下飞离砂轮。
3. 砂轮机托架和砂轮之间距离应保持在 3 mm 以内，以防工件扎入而造成事故。
4. 操作者应站在砂轮机侧面或斜侧位置，磨削时不能用力过大。

第四节　台 式 钻 床

台式钻床简称台钻，是一种可安装在作业台上、主轴垂直布置的小型钻床，适用于在小型工件上钻、扩直径为 12 mm 以下的孔。台式钻床结构简单，操作方便、灵活，易于维修，应用较为广泛。图 2–5 所示为常用的 Z4112 型台式钻床。

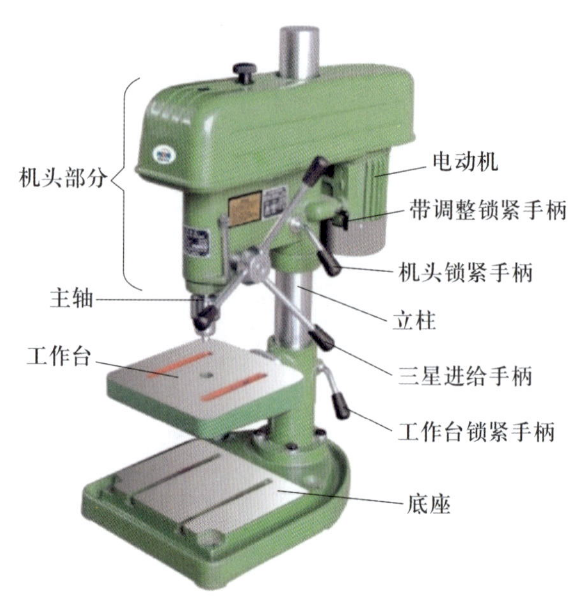

图 2–5　Z4112 型台式钻床

一、Z4112 型台式钻床的结构及操作

Z4112 型台式钻床主要由底座、立柱、工作台、机头、主轴、主轴变速机构、进给机构、电气控制部分等组成。

1. 底座

底座中间有两条 T 形槽，用来固定工件或夹具。

2. 立柱

立柱截面为圆形，用来支承工作台和机头。

3. 工作台

工作台主要用来安放被加工工件，它可沿立柱上下移动，并能绕立柱转动到任意位置，同时工作台自身还可左右倾斜 45°。

4. 机头

机头安装在立柱上，它可沿立柱上下调整所需高度，并能绕立柱转动。在机头下面有一支承保险环。

5. 主轴

主轴下端制有莫氏锥孔，可安装钻夹头，主要用来安装孔加工刀具及传递扭矩。

6. 主轴变速机构

该机构采用的是塔轮变速方法，如图 2–6 所示。通过改变 V 带的位置，可实现 5 种不同的转速。带初拉力的调整靠电动机前后移动来完成。

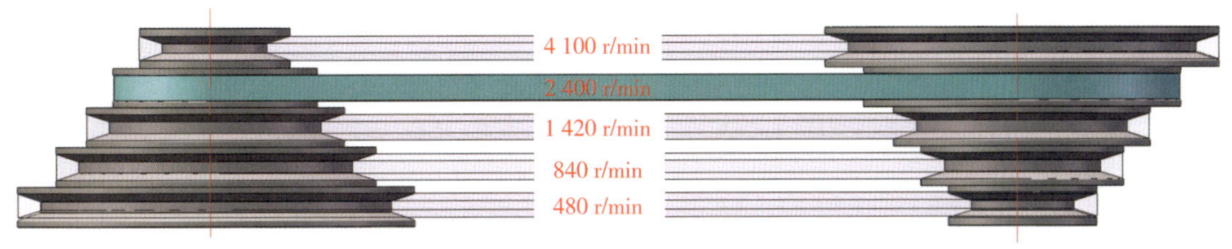

图 2–6　台式钻床主轴变速机构

7. 进给机构

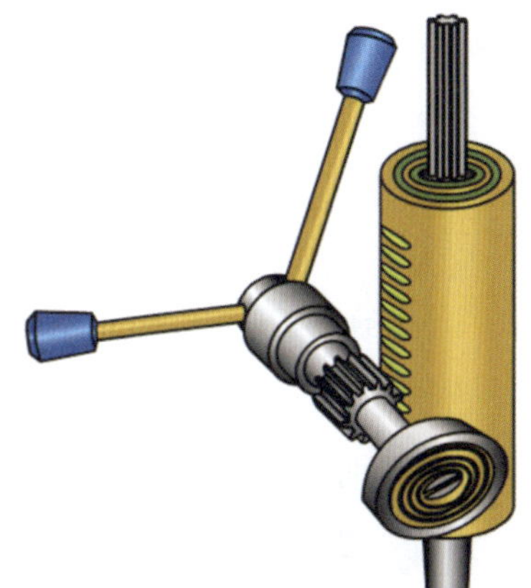

图 2–7　台式钻床进给机构

台式钻床通常只有手动进给。如图 2–7 所示，三星进给手柄带动齿轮轴转动，再由齿轮轴带动与其啮合的主轴套筒产生移动。在主轴套筒下端的侧面装有进给标尺。在齿轮轴的另一端装有弹簧，使主轴自动抬起复位。

8. 电气控制部分

在机头的侧面装有控制开关，可使主轴正转或停车。

二、Z4112 型台式钻床的传动系统

主运动传动链：电动机→主动带轮→ V 带→从动带轮→主轴，实现主轴的旋转运动。

进给运动传动链：进给手柄→同轴齿轮→主轴套筒→主轴，实现主轴的轴向进给运动。

三、Z4112 型台式钻床的技术规格及参数

最大钻孔直径	12 mm
立柱直径	70 mm
主轴最大行程	100 mm
主轴中心线至立柱表面距离	193 mm
主轴端面至工作台最大距离	332 mm
主轴端面至底座工作台最大距离	565 mm
主轴锥度	莫氏 B16
主轴转速范围	480 ~ 4 100 r/min
主轴转速级数	5 级
电动机功率	0.37 kW
工作台尺寸	256 mm × 256 mm
底座工作台尺寸	528 mm × 360 mm
总高	1 037 mm

第五节 立式钻床

立式钻床简称立钻，是主轴箱和工作台安置在立柱上、主轴垂直布置的钻床，其结构较为复杂，可实现自动进给，具有变速方便、性能全等特点，并配备了冷却系统，使用范围广。它适用于单件、小批量生产中对中、小型工件的孔加工。

一、Z525B 型立式钻床的结构及操作

Z525B 型立式钻床（图 2–8）主要由底座、立柱、工作台、主轴、主轴变速机构、进给机构、冷却系统、机床照明和电气控制部分等组成。

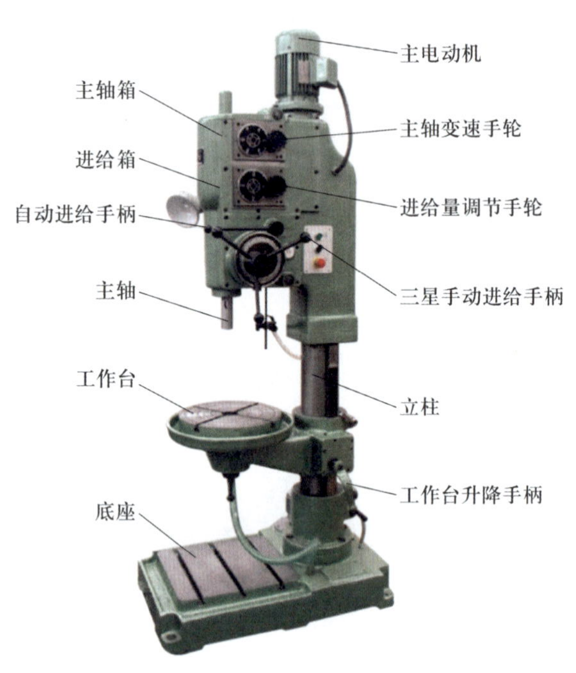

图 2–8 Z525B 型立式钻床

1. 底座

底座是立式钻床的基础，也是机床的冷却箱，较大型工件还可直接放在底座工作台上进行加工。

2. 立柱

Z525B 型立式钻床的立柱为圆柱形，主要用来支承机床的所有零部件。

3. 工作台

该工作台为圆形，松开下面的锁紧手柄，能自身旋转。松开后面的锁紧手柄，可使工作台绕立柱转动 ±180°。利用工作台的这两种运动，能使固定在工作台上的工件的任意位置都能对准主轴的中心，扩大了加工范围。同时，通过转动工作台升降手柄，可使工作台沿立柱停留在所需高度（利用蜗轮蜗杆的自锁功能）。

4. 主轴

主轴是钻床的重要部件，对其旋转精度要求较高。在主轴的下端有内锥孔，以便于安装刀具或辅具。主轴的重量由弹簧来平衡，可使主轴停在任意高度位置。

5. 主轴变速机构

转动主轴变速手轮可以使主轴方便地获得 6 种不同的转速。但变速前必须停车，以免损坏传动链中的零件。

6. 进给机构

该立式钻床可实现手动和自动进给。采用自动进给时，首先将进给量调节手轮转到所需的进给量挡位，再将端盖拉出，压下自动进给手柄，即可实现自动进给，如图 2–9 所示。若需要控制钻孔深度时，可调节安装在刻度盘上的撞块位置，当撞块随刻度盘转动并碰到自动进给手柄座后，使自动进给手柄抬起，自动进给停止。转动三星手动进给手柄还可以随时增大进给量或终止自动进给。

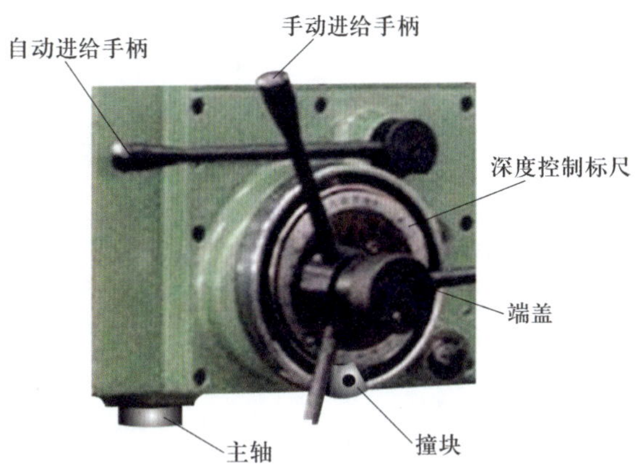

图 2–9 Z525B 型立式钻床进给机构

7. 冷却系统

切削液由安装在底座内的切削液泵直接供给，切削液可循环使用。

8. 机床照明

机床照明采用 24 V 安全电压。

9. 电气控制部分

该立式钻床有正转、反转和停止按钮，主轴的正、反转是靠改变电动机的转向来实现的。切削液泵由转换开关单独控制。

二、Z525B 型立式钻床的传动系统

Z525B 型立式钻床的传动系统包括三个部分，即主运动传动链、进给运动传动链和辅助传动部分，如图 2–10 所示。

1. 主运动传动链

由传动系统图可知，主运动传动链的首端为电动机，末端为主轴。来自电动机的动力直接经联轴器传给主轴变速箱中的轴Ⅰ；经齿轮（$z21$、$z48$）啮合将运动传给轴Ⅱ；通过轴Ⅱ上的三联滑移齿轮（$z28$、$z37$、$z19$）分别与轴Ⅲ上的齿轮（$z38$、$z29$、$z47$）啮合将运动传给轴Ⅲ，使轴Ⅲ得到 3 种转速；再通过轴Ⅲ上的齿轮（$z47$、$z18$）分别与轴Ⅳ上的齿轮（$z25$、$z54$）啮合又将运动传给轴Ⅳ，使轴Ⅳ得到 6 种转速。轴Ⅳ与主轴为花键连接，因此，主轴可获得 6 种不同的转速。

主运动的传动结构式如下：

$$\text{主电动机}（1\,430\ \text{r/min}）\rightarrow \text{轴Ⅰ} \rightarrow \frac{21}{48} \rightarrow \text{轴Ⅱ} \rightarrow \begin{Bmatrix} \frac{28}{38} \\ \frac{37}{29} \\ \frac{19}{47} \end{Bmatrix} \rightarrow \text{轴Ⅲ} \rightarrow \begin{Bmatrix} \frac{47}{25} \\ \frac{18}{54} \end{Bmatrix} \rightarrow \text{轴Ⅳ} \rightarrow \text{主轴}$$

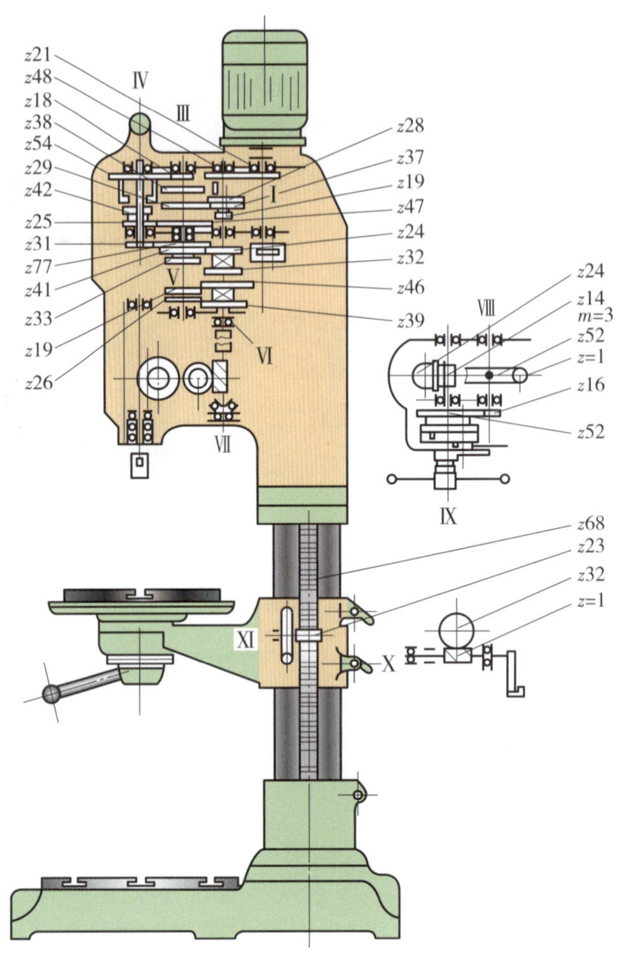

图 2-10 Z525B 型立式钻床的传动系统

根据传动结构式，可列出主运动平衡方程式如下：

$$n_{主轴}=n_{电动机}\times\frac{21}{48}\times u_{变}$$

式中 $n_{主轴}$——主轴转速，r/min；

$n_{电动机}$——电动机转速，r/min；

$u_{变}$——交换齿轮传动比。

根据运动平衡方程式，可求出主轴的最高和最低转速如下：

$$n_{最高}=1\ 430\ \text{r/min}\times\frac{21}{48}\times\frac{37}{29}\times\frac{47}{25}\approx 1\ 500.6\ \text{r/min}$$

$$n_{最低}=1\ 430\ \text{r/min}\times\frac{21}{48}\times\frac{19}{47}\times\frac{18}{54}\approx 84.3\ \text{r/min}$$

2. 进给运动传动链

进给运动传动链的首端为主轴的旋转，末端为主轴的轴向移动。主轴的旋转运动通过轴Ⅳ上的齿轮（z31）与轴Ⅴ上的齿轮（z77）啮合将运动传给轴Ⅴ；通过轴Ⅴ上的两个双联滑移齿轮（z41 和 z33、z19 和 z26）分别与轴Ⅵ上的齿轮（z24、z32、z46、z39）啮合将运动传给轴Ⅵ，使轴Ⅵ得到 4 种转速；再经安全离合器将运动传给轴Ⅶ上的蜗杆（z1），由蜗杆带动轴Ⅷ上的蜗轮（z52）旋转；再通过轴Ⅷ

上的齿轮（$z16$）与轴Ⅸ上的齿轮（$z52$）啮合将运动传给轴Ⅸ；最后通过轴Ⅸ上的齿轮（$z14$）带动主轴套筒上的齿条沿轴向移动。

进给运动的传动结构式如下：

$$\text{主轴（Ⅳ）}\rightarrow\frac{31}{77}\rightarrow\text{轴Ⅴ}\rightarrow\begin{Bmatrix}\frac{41}{24}\\\frac{33}{32}\\\frac{19}{46}\\\frac{26}{39}\end{Bmatrix}\rightarrow\text{轴Ⅵ}\rightarrow\text{轴Ⅶ}\rightarrow\frac{1}{52}\rightarrow\text{轴Ⅷ}\rightarrow\frac{16}{52}\rightarrow\text{轴Ⅸ}\rightarrow\pi m\cdot 14\text{（其中 }m=3\text{）}\rightarrow$$

齿条→主轴进给

根据传动结构式，列出进给运动平衡方程式如下：

$$f=1\times\frac{31}{77}\times u_{\text{进给}}\times\frac{1}{52}\times\frac{16}{52}\times\pi m\times 14$$

式中　f——主轴进给量，mm/r；

$u_{\text{进给}}$——进给交换齿轮传动比。

根据运动平衡方程式，可求出主轴的最小和最大进给量如下：

$$f_{\text{最小}}=1\ \text{mm/r}\times\frac{31}{77}\times\frac{19}{46}\times\frac{1}{52}\times\frac{16}{52}\times(14\times3)\times3.14\approx0.13\ \text{mm/r}$$

$$f_{\text{最大}}=1\ \text{mm/r}\times\frac{31}{77}\times\frac{41}{24}\times\frac{1}{52}\times\frac{16}{52}\times(14\times3)\times3.14\approx0.54\ \text{mm/r}$$

3. 辅助传动部分

立式钻床的辅助运动主要指工作台的升降运动。转动工作台升降手柄，通过轴Ⅹ上的蜗杆（$z1$）与轴Ⅺ上的蜗轮（$z32$）啮合，带动与蜗轮同轴的齿轮（$z23$）与安装在立柱侧面上的齿条相啮合，从而带动工作台沿立柱做升降运动。

三、Z525B 型立式钻床的技术规格及参数

最大钻孔直径	25 mm
主轴锥孔	莫氏 3 号
主轴最大行程	200 mm
主轴中心线至立柱表面距离	315 mm
主轴端面至工作台最大距离	415 mm
主轴端面至底座最大距离	965 mm

续表

主轴转速范围	85 ~ 1 500 r/min
主轴转速级数	6 级
主轴进给量范围	0.13 ~ 0.54 mm/r
主轴进给量级数	4 级
工作台移动行程	385 mm
工作台尺寸	ϕ 400 mm
底座工作台尺寸	440 mm × 500 mm
主电动机功率	1.5 kW
切削液泵电动机功率及流量	0.125 kW 22 L/min
机床轮廓尺寸（长 × 宽 × 高）	1 050 mm × 730 mm × 2 300 mm

第六节 摇臂钻床

摇臂可绕立柱回转和升降，通常主轴箱在摇臂上做水平移动的钻床称为摇臂钻床，简称摇臂钻。它是钳工常用的一种较大型的钻削加工设备，内部结构复杂。该类钻床大部分将机械、液压和电气控制融为一体，其自动化程度较高，适用于在中、大型零件上进行钻孔、扩孔、铰孔、锪平面及攻螺纹等操作，在有工艺装备的条件下，还可以进行镗孔，用途广泛。

一、Z3050 × 16（Ⅰ）型摇臂钻床的特点

图 2-11 所示为 Z3050 × 16（Ⅰ）型摇臂钻床。它的特点是：

1. 使用范围广，通用化程度较高。
2. 采用液压预选变速机构，可节省辅助时间。
3. 主轴正转、停车（制动）、变速、空挡等动作，用一个手柄控制，操纵轻便。
4. 主轴箱、摇臂、内外柱采用液压驱动的菱形块夹紧机构，夹紧可靠。
5. 有完善、可靠的安全保护装置。

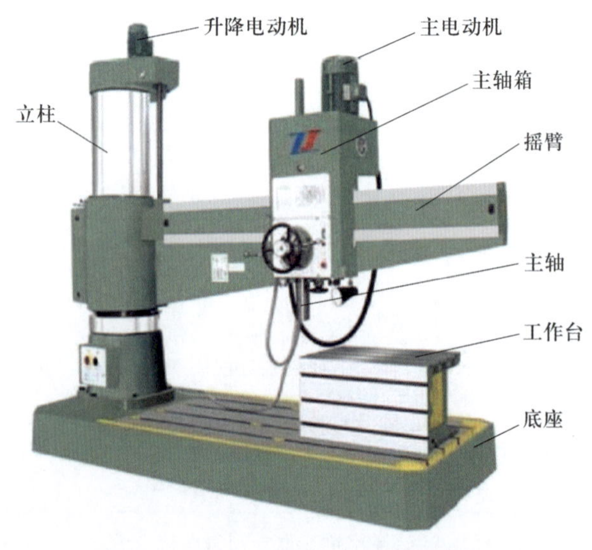

图 2-11 Z3050 × 16（Ⅰ）型摇臂钻床

二、Z3050 × 16（Ⅰ）型摇臂钻床的传动系统

Z3050 × 16（Ⅰ）型摇臂钻床的传动运动包括主轴回转、主轴进给、摇臂升降及主轴箱在摇臂上的移动，如图 2-12 所示。

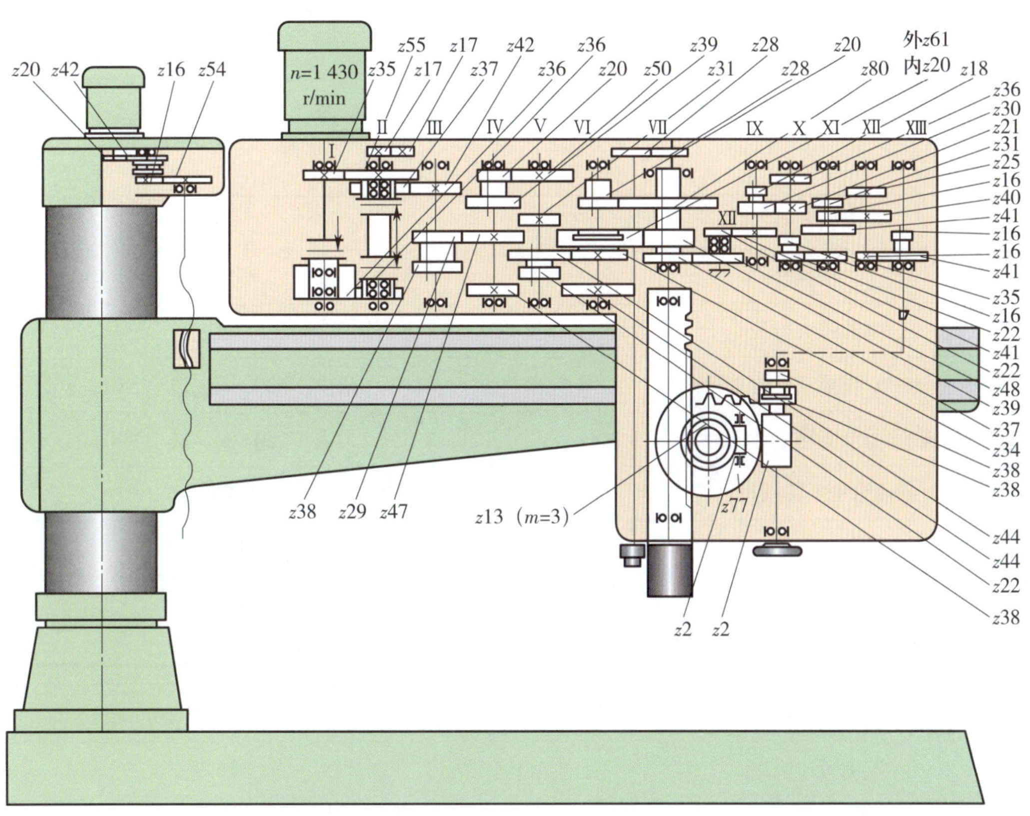

图 2-12 Z3050 × 16（Ⅰ）型摇臂钻床的传动系统

1. 主运动的传动结构式

$$
\text{电动机（1 430 r/min）} \rightarrow \text{轴Ⅰ} \rightarrow \frac{35}{55} \rightarrow \text{轴Ⅱ} \rightarrow \frac{37}{42} \rightarrow \text{轴Ⅲ} \rightarrow \left\{\begin{array}{c} \frac{38}{38} \\ \frac{29}{47} \end{array}\right\} \rightarrow \text{轴Ⅳ} \rightarrow \left\{\begin{array}{c} \frac{39}{31} \\ \frac{20}{50} \end{array}\right\} \rightarrow \text{轴Ⅴ} \rightarrow \left\{\begin{array}{c} \frac{44}{34} \\ \frac{22}{44} \end{array}\right\} \rightarrow
$$

$$
\text{轴Ⅵ} \rightarrow \left\{\begin{array}{c} \frac{61}{39} \\ \frac{20}{80} \end{array}\right\} \rightarrow \text{轴Ⅶ} \rightarrow \text{主轴}
$$

2. 进给运动的传动结构式

$$\text{主轴（VII）} \rightarrow \frac{37}{48} \rightarrow \text{轴VIII} \rightarrow \frac{22}{41} \rightarrow \text{轴IX} \rightarrow \begin{Bmatrix} \frac{30}{24} \\ \frac{18}{36} \end{Bmatrix} \rightarrow \text{轴X} \rightarrow \begin{Bmatrix} \frac{22}{35} \\ \frac{16}{41} \end{Bmatrix} \rightarrow \text{轴XI} \rightarrow \begin{Bmatrix} \frac{31}{25} \\ \frac{16}{40} \end{Bmatrix} \rightarrow \text{轴XII} \rightarrow \begin{Bmatrix} \frac{40}{16} \\ \frac{16}{41} \end{Bmatrix} \rightarrow$$

$$\text{轴XIII} \rightarrow \frac{2}{77} \rightarrow \pi m \cdot 13\text{（其中 } m=3\text{）} \rightarrow \text{齿条} \rightarrow \text{主轴进给}$$

三、Z3050×16（Ⅰ）型摇臂钻床的技术规格及参数

最大钻孔直径	50 mm
主轴锥孔	莫氏 5 号
主轴最大行程	315 mm
主轴中心线至立柱母线距离	最大 1 600 mm，最小 350 mm
主轴端面至底座工作面距离	最大 1 220 mm，最小 320 mm
主轴箱水平移动距离	1 250 mm
摇臂升降距离	580 mm
摇臂升降速度	1.2 m/min
摇臂回转角度	± 180°
主轴转速范围	25 ~ 2 000 r/min
主轴转速级数	16 级
主轴进给量范围	0.04 ~ 3.2 mm/r
主轴进给量级数	16 级
刻度盘每转钻孔深度	122 mm
立柱外径	350 mm
主轴允许最大扭矩	500 N · m
主轴允许最大进给抗力	18 kN
主电动机功率	4 kW
摇臂升降电动机功率	1.5 kW
液压夹紧电动机功率	0.75 kW
切削液泵电动机功率	0.125 kW
机床轮廓尺寸（长 × 宽 × 高）	2 500 mm × 1 040 mm × 2 840 mm
机床质量	3 600 kg

第三章 钳工常用工具

第一节 划线工具

在划线工作中，为了保证尺寸的准确性和达到较高的工作效率，必须熟悉各种划线工具并熟练使用。

一、常用划线工具

1. 平板

平板（图 3–1）用来安放工件和划线工具并在其工作面上完成划线及检测过程，一般用木架搁置，放置时应使平板工作面处于水平状态。

2. 方箱

方箱（图 3–2）一个工作面上有 V 形槽，结合配件可以对轴类零件进行支承和装夹。划线时，可用 C 形夹头将工件夹于方箱上，再通过翻转方箱，便可以在一次安装的情况下，将工件上互相垂直的三个方向的线全部划出来。

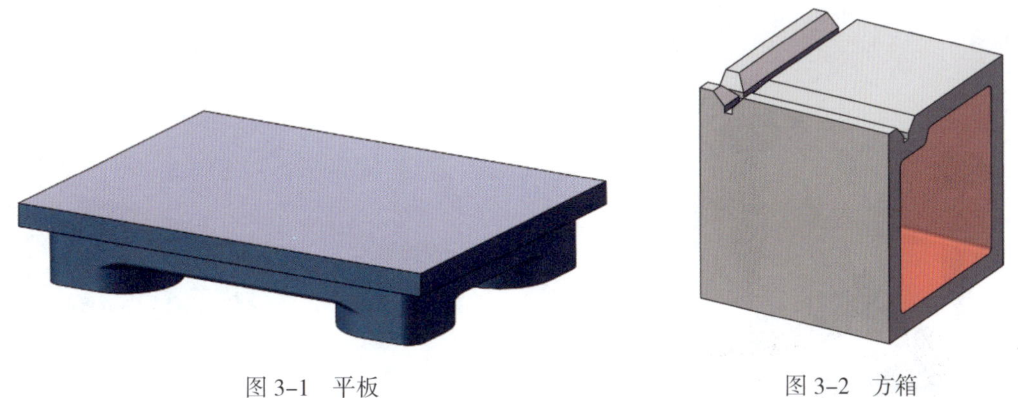

图 3–1 平板　　图 3–2 方箱

3. 划针与划线盘

划针（图 3–3）是划线用的基本工具。常用的划针是用 $\phi 3 \sim \phi 6$ mm 的弹簧钢丝或高速钢制成的，其长度为 200 ~ 300 mm，尖端磨成 15° ~ 20° 的尖角，并经热处理淬硬，以提高其硬度和耐磨性（硬度可达 55 ~ 60HRC）。

划线盘（图 3–4）用来直接在工件上划线或找正工件位置。一般情况下，划针的直头端用来划线，弯头端用来找正工件位置。

4. 划规

划规是圆规式划线工具，如图 3–5 所示。划规主要用来划圆和圆弧、等分线段、等分角度及量取尺寸等。它一般用工具钢制成，脚尖经热处理，硬度可达 48 ~ 53HRC。有的划规在两脚端部焊上一段硬质合金，使用时耐磨性更好。划规两脚的长短要磨得稍有不同，而且两脚合拢时脚尖要能靠紧，才能划出尺寸较小的圆弧。

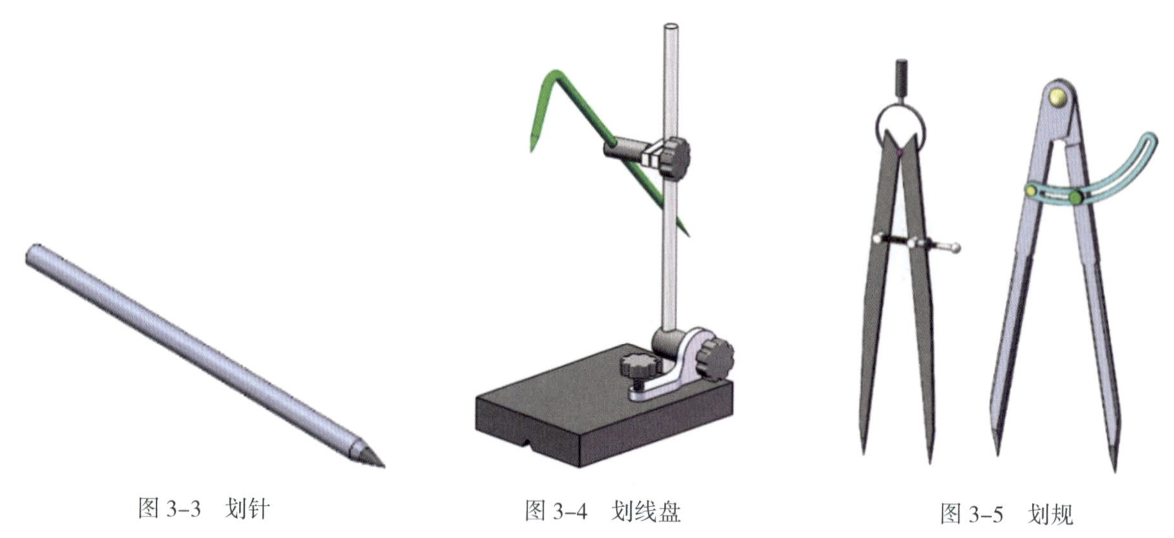

图 3–3 划针　　图 3–4 划线盘　　图 3–5 划规

长划规是专门用来划大尺寸圆或圆弧的工具，如图 3–6 所示。在滑杆上调整两个划规脚，就可得到所需要的尺寸。

单脚划规用非合金工具钢制成，尖端焊上硬质合金钢。单脚划规可用来求出圆形工件的中心（图 3–7a），操作比较方便，也可沿加工好的平面划平行线（图 3–7b）。

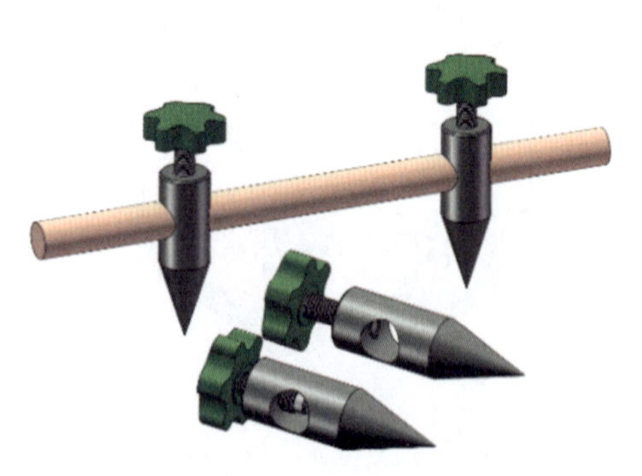

图 3–6 长划规

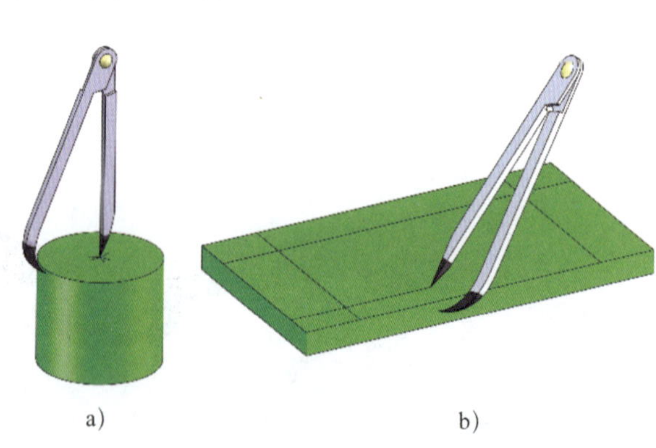

a)　　b)

图 3–7 单脚划规

a）求圆形工件的中心　b）划平行线

5. 游标高度卡尺

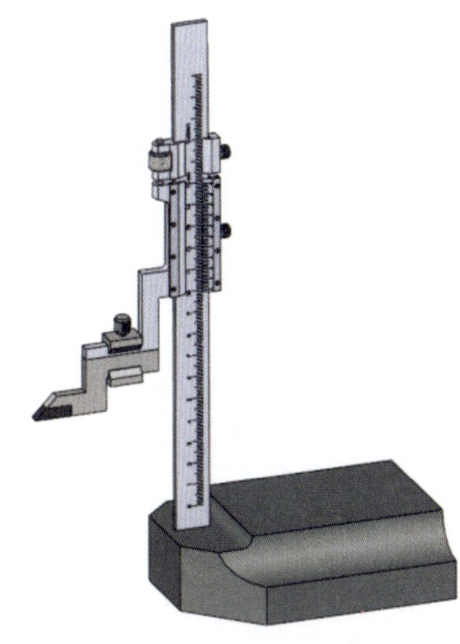

图 3-8　游标高度卡尺

游标高度卡尺是利用游标原理对装置在尺框上的划线量爪或测量头工作面与底座工作面相对移动分隔的距离进行读数的测量器具，如图 3-8 所示。常用的游标高度卡尺有 0 ~ 200 mm、0 ~ 300 mm 等规格，既可以用来测量高度，又可以用量爪直接划线。

6. 样冲

样冲（图 3-9）主要用于在所划的线条或圆弧中心上冲眼。样冲一般用合金工具钢制成，并经热处理，硬度可达 55 ~ 60HRC，其顶角约为 40° 或 60° 。顶角为 40° 的样冲用于加强界线标记，顶角为 60° 的样冲用于钻孔定中心。

7. 直角尺

在划线时，直角尺（图 3-10）可作为划垂直线或平行线的导向工具，也可用来找正工件在平板上的垂直位置。

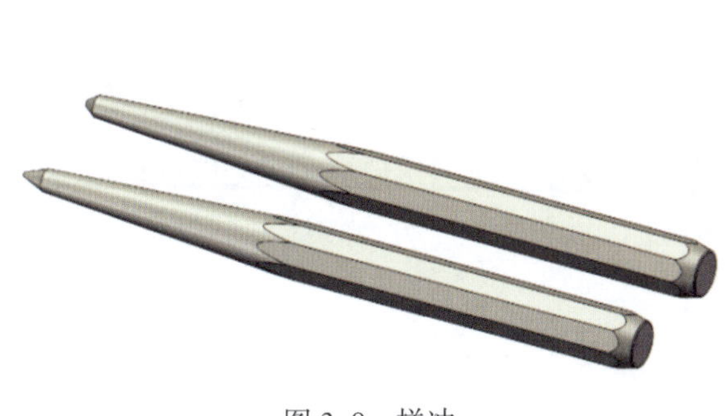

图 3-9　样冲

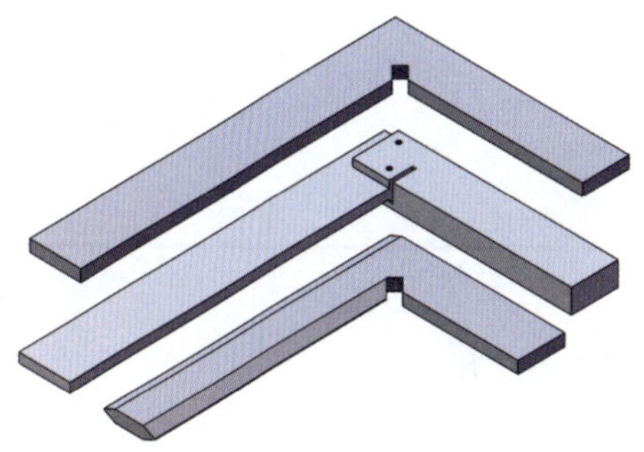

图 3-10　直角尺

8. V 形架

一般的 V 形架都是两块一副，V 形槽夹角为 90° 或 120° ，如图 3-11 所示。它主要用于支承轴类工件。

9. 垫铁

图 3-11　V 形架

垫铁一般有平行垫铁和斜楔垫铁两种，如图 3-12 所示。平行垫铁相对的两个平面互相平行，每副平行垫铁有两块，两块的 h 和 b 两个尺寸都是一起磨出的。平行垫铁常有许多副，其尺寸各不相同，主要用来把工件平行垫高。斜楔垫铁用于支承和调整各种毛坯件，也可用于微量调节工件的高低。

10. 千斤顶

千斤顶主要用来支承毛坯或形状不规则的工件进行立体划线，其结构如图 3–13 所示。它可调整顶尖的高度，以便安放不同类型的工件。

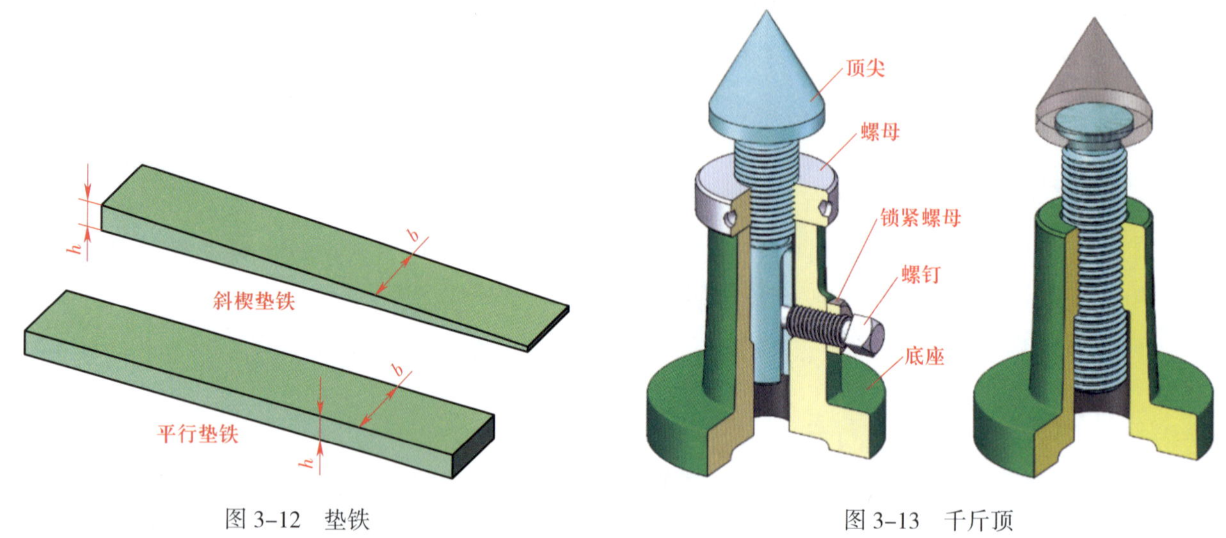

图 3–12 垫铁

图 3–13 千斤顶

二、划线工具的维护与保养

1. 划针、划规、划线盘和游标高度卡尺等划线工具应妥善保管、正确摆放，避免划线部位损伤。

2. 工件在划线平台上应轻拿轻放，并尽可能地减少摩擦，以免损伤工件及划线平台，造成平台精度降低。

3. 划线工具和设备使用完后，应及时清理，擦拭干净，并涂上机油防锈。

第二节 錾 削 工 具

錾削工具主要是锤子和錾子。

一、锤子

锤子是钳工常用的敲击工具，它由锤体、锤柄和倒楔三部分组成，如图 3–14 所示。

锤子的规格用锤体的质量大小表示，钳工常用的有 0.22 kg、0.34 kg、0.45 kg、0.61 kg 和 0.91 kg 等几种。锤体用非合金工具钢 T7 制成，并经淬硬处理。锤柄用硬而不脆的木材制成，如檀木、胡桃木等。锤柄截面为椭圆形，其长度应根据不同规格的锤体来选用，如 0.61 kg 的锤子柄长一般为 350 mm 左右。锤柄装入锤孔后，应打上倒楔，以防锤体脱落。

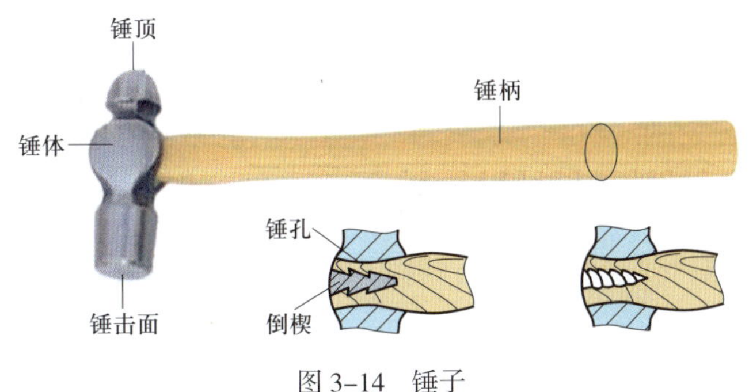

图 3–14　锤子

二、錾子

錾子（图 3–15）是錾削用的刀具，一般用非合金工具钢 T7A 锻成，它由头部、錾身及切削部分组成。头部顶端略带球形，以便锤击时作用力容易通过錾子中心线。錾身部分为便于把持，多呈八棱形，以防止錾削时錾子转动。切削部分刃磨成楔形，经热处理后硬度达到 56 ~ 62HRC。

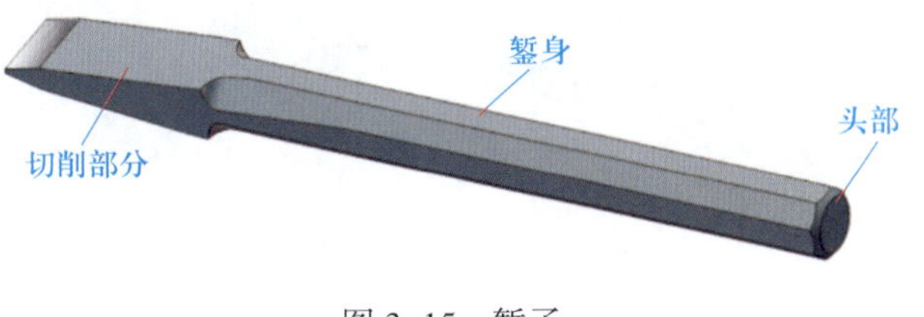

图 3–15　錾子

錾子的种类、特点及用途见表 3–1。

表 3–1　**錾子的种类、特点及用途**

种类	特点及用途
扁錾	切削部分扁平，刃口略带弧形，常用于錾削平面、分割材料及去毛边等，如图 3–16 所示
尖錾	切削刃比较短，切削部分的两侧面从切削刃到錾身逐渐狭小，主要用来錾削沟槽及分割曲线形板料，如图 3–17 所示
油槽錾	切削刃很短，并呈圆弧形，且与油槽截面一致，其切削部分常做成弯曲形状，主要用来錾削润滑油槽，如图 3–18 所示

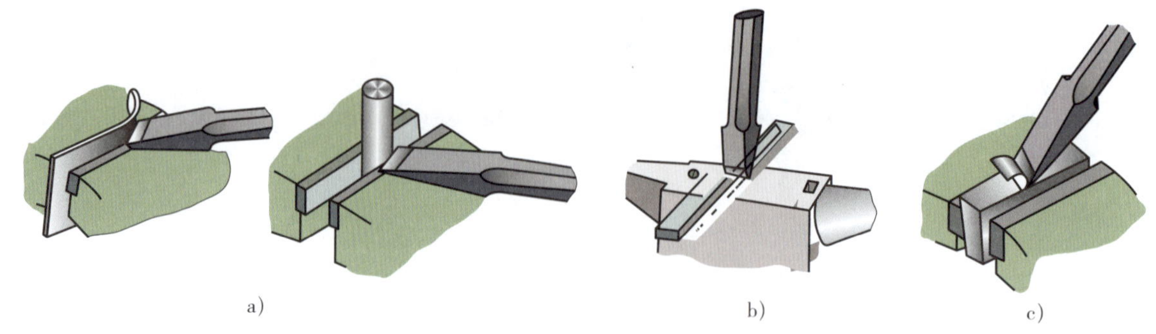

图 3-16 扁錾的应用
a）板料、棒料錾削 b）錾断条料 c）錾削窄平面

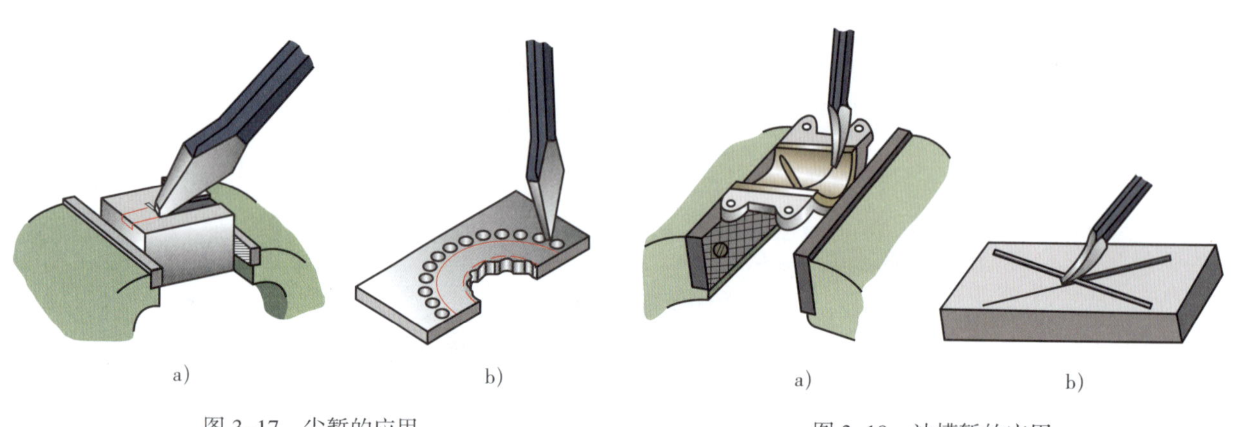

图 3-17 尖錾的应用
a）錾槽 b）分割曲线形板料

图 3-18 油槽錾的应用
a）在曲面上錾削油槽 b）在平面上錾削油槽

第三节 锯 削 工 具

锯削工具主要是手锯。

一、手锯的组成

手锯由锯弓和锯条两部分组成。锯弓用于安装和张紧锯条，有固定式和可调式两种，如图 3-19 所示。

锯条在锯削时起切削作用，其结构如图 3-20 所示。锯条按使用材质分为碳素结构钢（代号 D）、非合金工具钢（代号 T）、合金工具钢（代号 M）、高速钢（代号 G）以及双金属复合钢（代号 Bi）五种类型；按特性分为全硬型（代号 H）和挠性型（代号 F）两种类型；按齿形分为单面齿（A）和双面齿（B）两种类型。

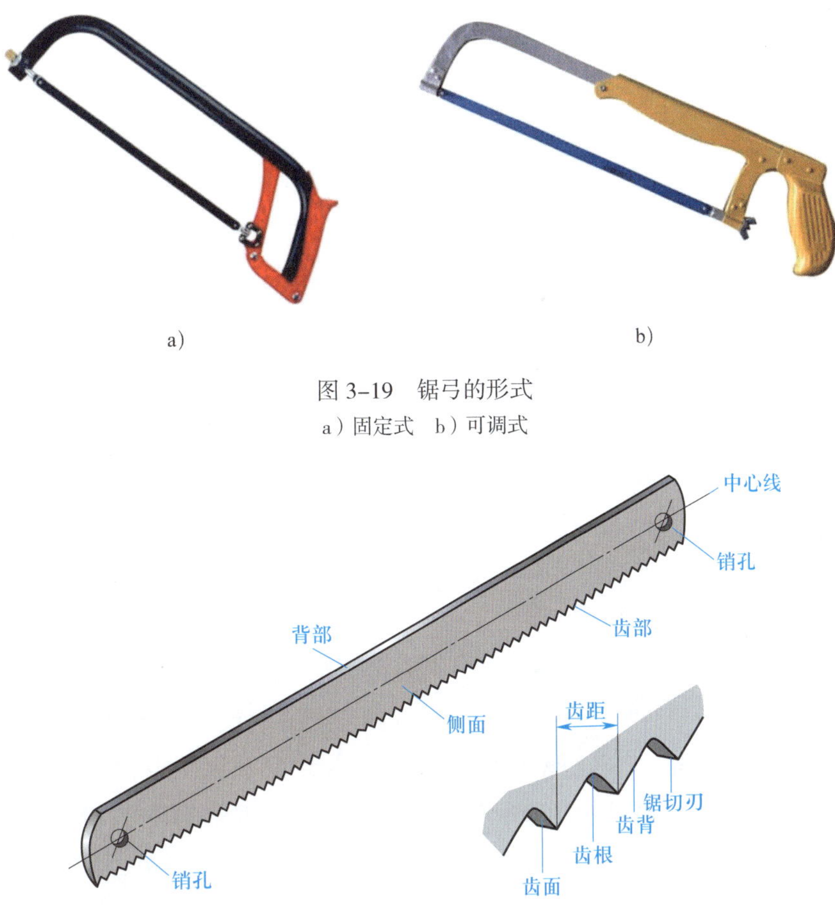

图 3-19　锯弓的形式
a）固定式　b）可调式

图 3-20　锯条结构

二、锯条

1. 锯条的规格及标记

锯条的规格包括长度规格和粗细规格两部分。锯条的长度规格是以两端销孔的中心距来表示的，常用的锯条长度为 300 mm。粗细规格用 25 mm 长度内的锯齿数或用齿距（两相邻锯切刃之间的距离）表示。锯条的规格及基本尺寸见表 3-2。

表 3-2　锯条的规格及基本尺寸（摘自 GB/T 14764—2008）

锯条类型	长度规格 l/mm	粗细规格		宽度 a/mm	厚度 b/mm
		每 25 mm 内的齿数	齿距 p/mm		
单面齿型（A 型）	300 或 250	32	0.8	12.0 或 10.7	0.65
		24	1.0		
		20	1.2		
		18	1.4		
		16	1.5		
		14	1.8		

续表

锯条类型	长度规格 l/mm	粗细规格		宽度 a/mm	厚度 b/mm
		每 25 mm 内的齿数	齿距 p/mm		
双面齿型（B 型）	296	32 24 18	0.8 1.0 1.4	22	0.65
	292			25	

锯条标记示例：

全硬型、非合金工具钢、单面齿型、长度 l=300 mm、宽度 a=12 mm、齿距 p=1.0 mm 的钢锯条应标记为：

手用钢锯条 GB/T 14764—2008 HTA 300 × 12 × 1.0

2. 锯条粗细规格的选择

锯条粗细按照以下情况选择：

（1）锯条的粗细一般应根据加工材料的软硬、切面大小等来选择。锯削软材料或切面较大的工件时，因切屑较多，要求有较大的容屑空间，应选用粗齿锯条；锯削硬材料或切面较小的工件时，因锯齿不易切入，切屑较少，不易堵塞容屑槽，应选用细齿锯条，并且细齿锯条同时参加切削的齿数增多，可使每个齿担负的锯削量小，锯削阻力小，材料易于切除，锯齿也不易磨损；一般中等硬度材料选用中齿锯条。

（2）锯削管子和薄板时，截面上至少要有两个以上的锯齿同时参加锯削，才能避免锯齿被钩住而崩断，因此必须用细齿锯条。

3. 锯齿的切削角度

锯条的切削部分由许多按齿距均匀分布的锯齿组成，其锯齿形状如图 3–21 所示。

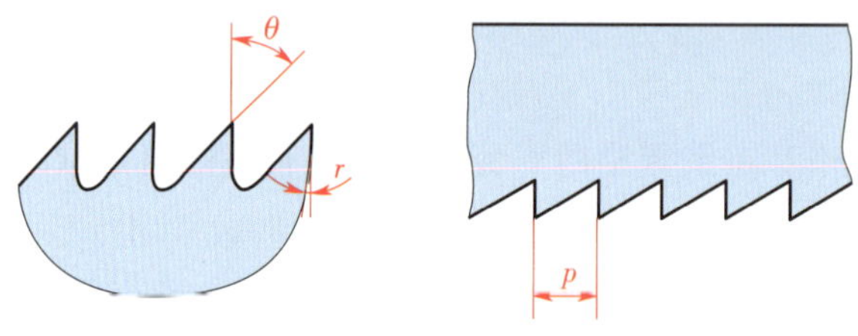

图 3–21　锯齿形状

锯齿的切削角度见表 3–3。

表 3–3　锯齿的切削角度（摘自 GB/T 14764—2008）

齿距（p）/mm	θ/（°）	r/（°）
0.8、1.0、1.2	46 ~ 53	−2 ~ 2
1.4、1.5、1.8	50 ~ 58	

4. 锯条的分齿

在制造锯条时，使锯齿按一定的规律左右错开，排列成一定形状，将锯齿从锯条两侧凸出以提供锯切间隙的方法称为锯条的分齿。锯条的分齿形式有交叉形和波浪形等，如图 3–22 所示。

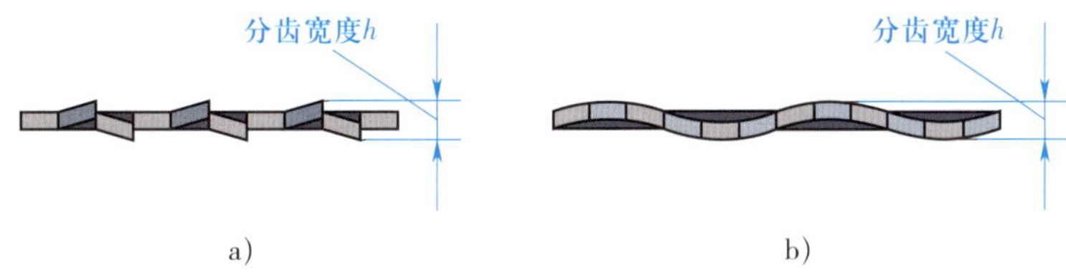

图 3–22 锯条的分齿形式
a）交叉形 b）波浪形

分齿的作用是使工件上的锯缝宽度大于锯条背部的厚度，从而减少了锯削过程中的摩擦，避免“夹锯”和锯条折断现象，延长了锯条的使用寿命。

第四节 锉 削 工 具

锉削工具主要是锉刀。

一、锉刀的结构

锉刀用非合金工具钢 T12 或 T13 制成，经热处理后硬度达 62 ~ 72HRC。锉刀由锉身和锉柄两部分组成，各部分名称如图 3–23 所示。

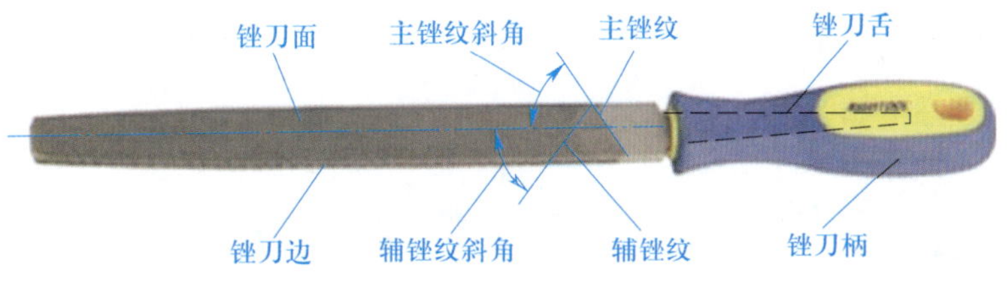

图 3–23 锉刀的结构

锉刀面上有很多锉齿，根据锉齿的排列方式，可分为单齿纹和双齿纹两种，如图 3–24 所示。单齿纹锉刀适用于锉削软材料；双齿纹由主锉纹（起主要切削作用）和辅锉纹（起分屑作用）构成，适用于锉削硬材料。

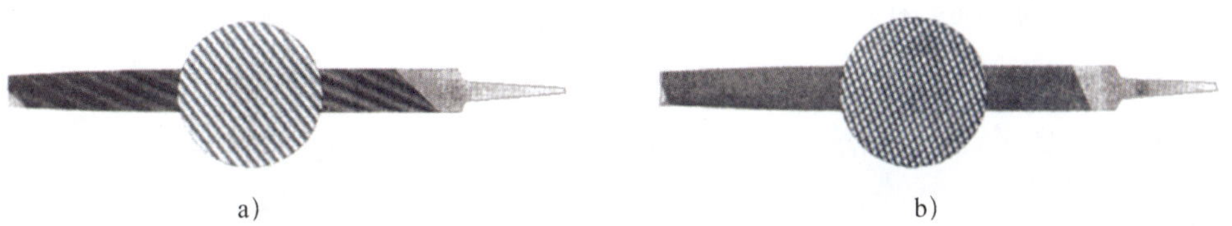

图 3–24 锉刀的齿纹
a）单齿纹 b）双齿纹

二、锉刀的种类

按用途不同，锉刀可分为钳工锉、异形锉和整形锉三类。

1. 钳工锉

钳工锉是钳工最常用的锉削工具，按其断面形状不同，分为扁锉、方锉、三角锉、半圆锉和圆锉五种，如图 3-25 所示。

2. 异形锉

异形锉用来锉削工件上的特殊表面，有弯形的和直形的两种，如图 3-26 所示。

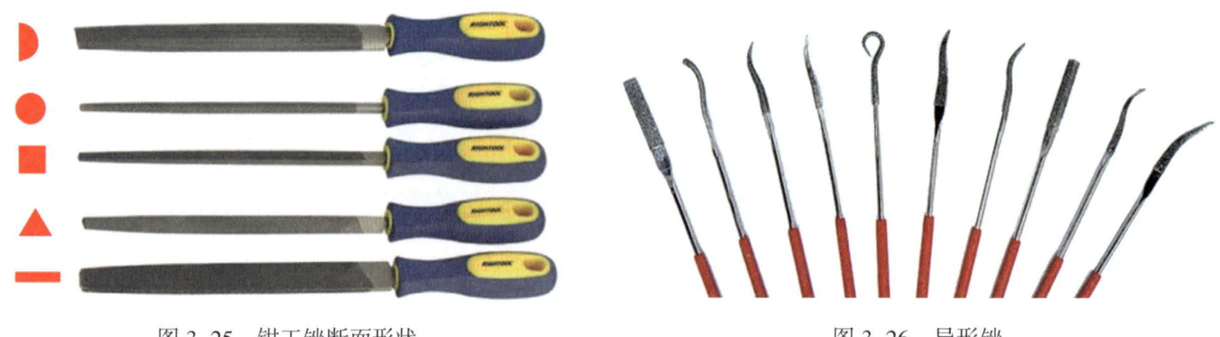

图 3-25 钳工锉断面形状

图 3-26 异形锉

3. 整形锉

整形锉主要用于修整工件上的细小部分。通常以多把不同断面形状的锉刀组成一组（常用的有 5 支、8 支、10 支为一组），其断面形状有扁锉、方锉、三角锉、圆锉、半圆锉、菱形锉、刀口锉、椭圆锉、单边三角锉等多种，如图 3-27 所示。

三、锉刀的规格

锉刀的规格包括尺寸规格和粗细规格。

1. 尺寸规格

锉刀的尺寸规格，圆锉以其断面直径、方锉以其断面边长为尺寸规格，其他锉刀以锉身长度表示。常用的锉刀有 100 mm、150 mm、200 mm、250 mm、300 mm、350 mm 等几种。异形锉和整形锉的尺寸规格用锉刀的全长来表示。

2. 粗细规格

粗细规格以锉刀每 10 mm 轴向长度内的主锉纹条数来表示，普通钳工锉的锉纹参数见表 3-4。

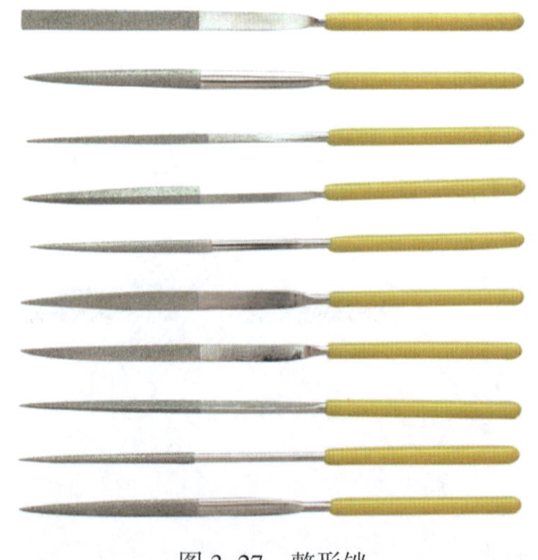

图 3-27 整形锉

表 3–4 普通钳工锉的锉纹参数（摘自 GB/T 5806—2003）

长度规格 /mm	每 10 mm 主锉纹条数 锉纹号 1	2	3	4	5	辅锉纹条数	边锉纹条数	主锉纹斜角 λ 1～3 号锉纹	主锉纹斜角 λ 4～5 号锉纹	辅锉纹斜角 ω 1～3 号锉纹	辅锉纹斜角 ω 4～5 号锉纹	边锉纹斜角 θ
100	14	20	28	40	56	为主锉纹条数的 75%～95%	为主锉纹条数的 100%～120%	65°	72°	45°	52°	90°
125	12	18	25	36	50							
150	11	16	22	32	45							
200	10	14	20	28	40							
250	9	12	18	25	36							
300	8	11	16	22	32							
350	7	10	14	20	—							
400	6	9	12	—	—							
450	5.5	8	11	—	—							

注：1 号锉纹为粗齿锉刀，2 号锉纹为中齿锉刀，3 号锉纹为细齿锉刀，4 号锉纹为双细齿锉刀，5 号锉纹为油光锉。

第五节 孔加工工具

一、麻花钻

麻花钻（俗称钻头）是指容屑槽由螺旋面构成的钻头，钻体部分形状像麻花一样，它是钳工常用的钻孔刀具。麻花钻的规格用直径表示（靠近钻尖处测量），主要用来在实体材料上钻削直径在 100 mm 以下的孔。

1. 麻花钻的组成

麻花钻由钻柄和钻体部分组成，结构如图 3–28 所示。

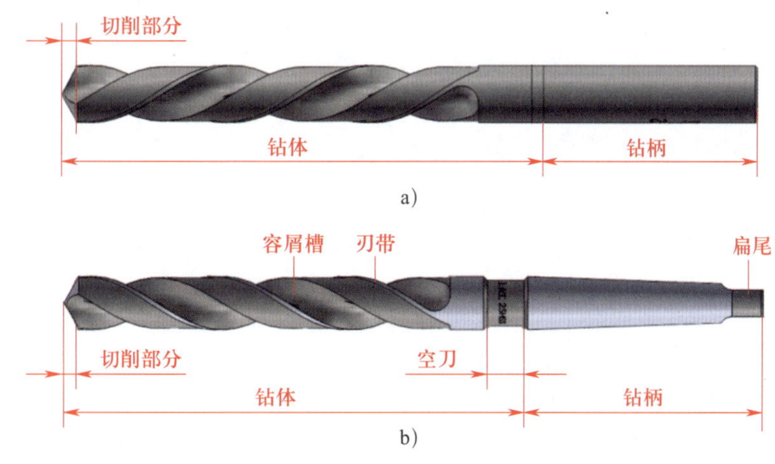

图 3–28 麻花钻

a）直柄式麻花钻 b）锥柄式麻花钻

（1）钻柄

钻柄是麻花钻的夹持部分，主要用来连接钻床主轴并传递动力，有直柄和锥柄两种。一般直径小于 13 mm 的钻头做成直柄，用钻夹头夹持；直径大于 13 mm 的钻头做成锥柄，通过莫氏锥柄（或变径套）与钻床主轴锥孔连接，具体规格见表 3–5。在莫氏锥柄的小端有一扁尾，以备嵌入锥孔的槽中，作顶出钻头之用。

表 3–5　莫氏锥柄的大端直径及钻头直径　mm

莫氏圆锥号	1	2	3	4	5	6
大端直径 d_1	12.240	17.980	24.051	31.542	44.731	63.760
钻头直径 d_0	14.00 及以下	14.25 ~ 23.00	23.25 ~ 31.75	32.00 ~ 50.50	51.00 ~ 76.00	77.00 ~ 100.0

（2）钻体

麻花钻的钻体包括切削部分（又称钻尖）、由两条刃带形成的导向部分和空刀。切削部分（图 3–29）是指由产生切屑的诸要素（主切削刃、横刃、前面、后面、刀尖）所组成的工作部分，它承担着主要的切削工作。标准麻花钻的切削部分由五刃（两条主切削刃、两条副切削刃和一条横刃）、六面（两个前面、两个主后面和两个副后面）和三尖（一个钻尖和两个刀尖）组成。

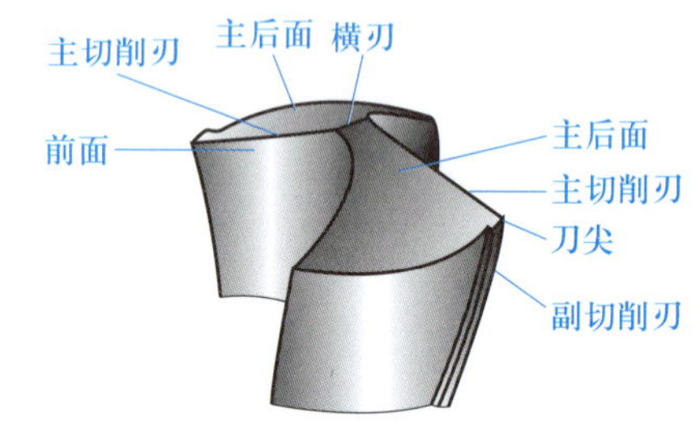

图 3–29　麻花钻切削部分的构成

麻花钻的导向部分用来保持麻花钻钻孔时的正确方向并修光孔壁，在麻花钻刃磨时可作为切削部分的后备。两条容屑槽的作用是形成切削刃，便于容屑、排屑和切削液输入。为了减少刃带与孔壁的摩擦，便于导向，麻花钻的导向部分直径略有倒锥（用倒锥度表示，每 100 mm 长度上为 0.02 ~ 0.12 mm，但总倒锥量不应超过 0.25 mm）。

空刀是钻体上直径减小的部分，它的作用是在磨制麻花钻时作为退刀槽，通常锥柄麻花钻的规格、材料和商标也打印在此处。

2. 标准麻花钻的切削角度

（1）确定麻花钻切削角度的辅助平面

为了确定麻花钻的切削角度，需要引进几个辅助平面：基面、切削平面、正交平面（此三者互相垂直，见图 3–30a）和柱剖面。

1）基面。麻花钻主切削刃上任一点的基面就是通过该点且垂直于该点切削速度方向的平面，实际上是通过该点与钻心连线的径向平面。由于麻花钻两主切削刃不通过钻心，所以主切削刃上各点的基面也就不同，如图 3–30b 所示。

2）切削平面。麻花钻主切削刃上任一点的切削平面，是由该点的切削速度方向与该点切削刃的切线所构成的平面。标准麻花钻主切削刃为直线，其切线就是钻刃本身。切削平面即为该点切削速度与钻刃构成的平面。

3）正交平面。正交平面是通过主切削刃上任一点并垂直于基面和切削平面的平面。

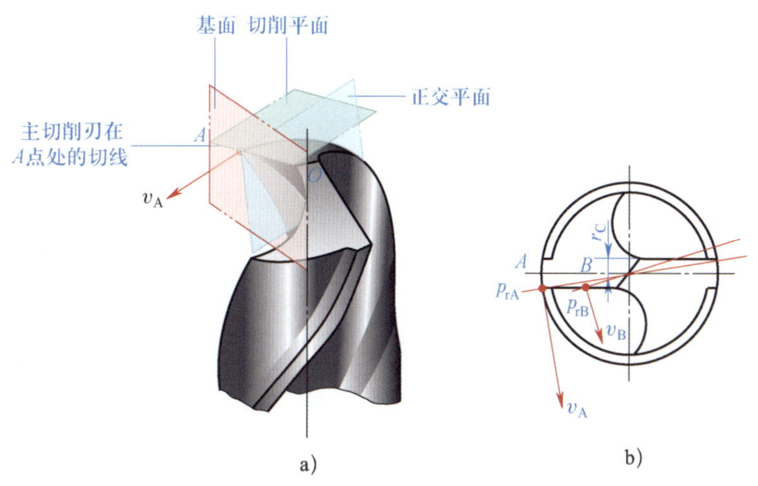

图 3–30　麻花钻的辅助平面

a）外缘 A 点处的基面、切削平面、正交平面　b）主切削刃上各点的基面

4）柱剖面。通过主切削刃上任一点作与麻花钻轴线平行的直线，该直线绕麻花钻轴线旋转所形成的圆柱面即柱剖面，如图 3–31 所示。

（2）标准麻花钻的切削角度

标准麻花钻的切削角度如图 3–32 所示。

标准麻花钻切削角度的定义、作用及特点见表 3–6。

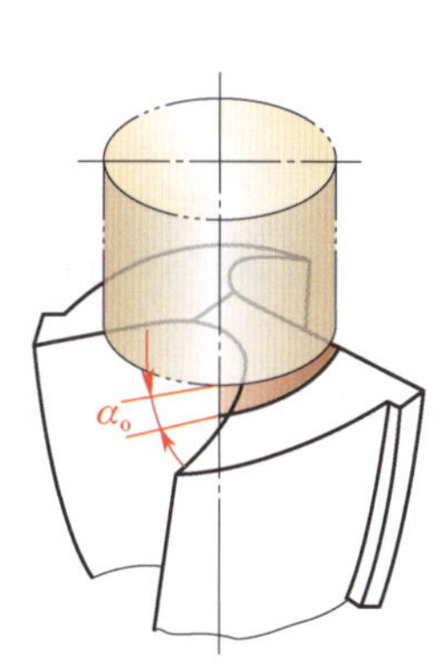

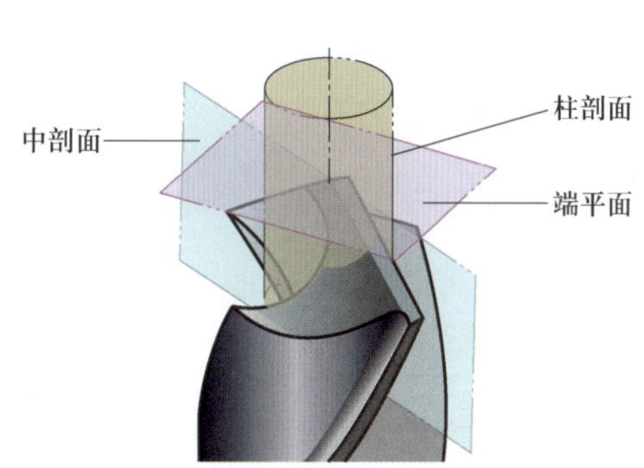

图 3–31　柱剖面

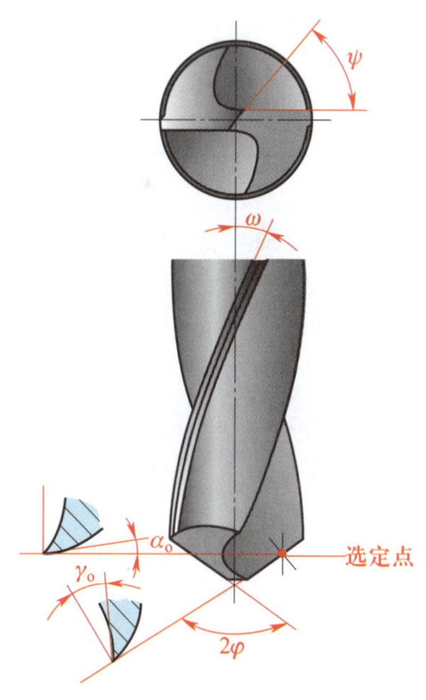

图 3–32　标准麻花钻的切削角度

表 3–6　标准麻花钻切削角度的定义、作用及特点

切削角度	定义	作用及特点
前角 γ_o	在正交平面内，前面与基面之间的夹角	前角大小决定着切除材料的难易程度和切削在前面上的摩擦阻力大小。前角越大，切削越省力。主切削刃上各点前角不同：近外缘处最大，可达 γ_o=30°；自外向内逐渐减小，在钻心至 d/3 范围内为负值；横刃处 γ_o 为 −54° ～ −60°；接近横刃处的前角 γ_o=−30°

续表

切削角度	定义	作用及特点
主后角 α_o	在柱剖面内，后面与切削平面之间的夹角	主后角的作用是减小麻花钻后面与切削面间的摩擦。主切削刃上各点的主后角也不同：外缘处较小，自外向内逐渐增大。直径 d 为 15～30 mm 的麻花钻，外缘处 α_o 为 9°～12°，钻心处 α_o 为 20°～26°，横刃处 α_o 为 30°～36°
顶角 2φ	两条主切削刃在其平行平面上的投影之间的夹角	顶角影响主切削刃上轴向力的大小。顶角越小，轴向力越小，外缘处刀尖角 ε 越大，利于散热和提高钻头使用寿命。但在相同条件下，钻头所受扭矩增大，切屑变形加剧，排屑困难，不利于润滑。顶角的大小一般根据麻花钻的加工条件而定。标准麻花钻的顶角 2φ 为 118°±3°，其大小对主切削刃形状的影响如图 3–33 所示
横刃斜角 ψ	横刃斜角 ψ 是横刃与主切削刃在麻花钻端面内的投影之间的夹角	在刃磨钻头时自然形成。其大小与主后角有关。主后角大，则横刃斜角小，横刃较长。标准麻花钻的横刃斜角 ψ 为 50°～55°

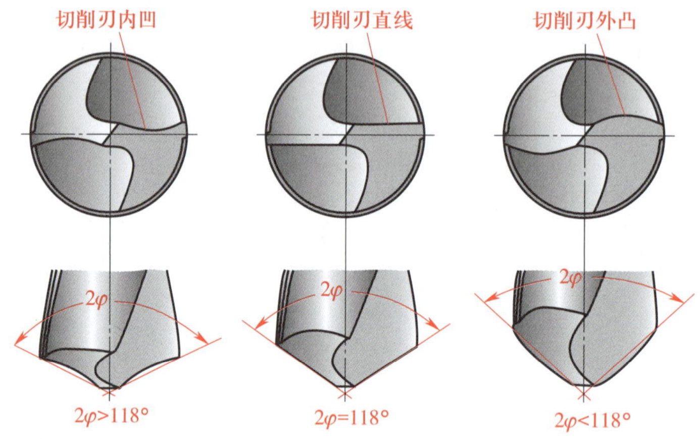

图 3–33　顶角对主切削刃形状的影响

（3）标准麻花钻的修磨

为改善标准麻花钻的切削性能，提高钻削效率和刀具寿命，通常要对其切削部分进行修磨。刃磨钻头常在砂轮机上进行，砂轮的粒度为 F46～F80，硬度为中等。一般是按钻孔的具体要求有选择地对麻花钻进行修磨，见表 3–7。

表 3–7　**标准麻花钻的修磨**

修磨措施	修磨要求及效果	图示
磨短横刃并增大靠近钻心处的前角	这是最基本的修磨方式。修磨后横刃的长度“b”为原来的 1/3～1/5，以减小轴向抗力和挤刮现象，提高钻头的定心作用和切削的稳定性。同时，在靠近钻心处形成内刃，内刃斜角 τ=20°～30°，内刃处前角 γ_τ=0°～−15°，切削性能得以改善。一般直径在 5 mm 以上的麻花钻均须修磨横刃	γ_τ　τ　b　内刃

续表

修磨措施	修磨要求及效果	图示
修磨主切削刃	主要是磨出第二顶角 $2\varphi_o$（70°～75°）。在麻花钻外缘处磨出过渡刃（f_o=0.2d），以增大外缘处的刀尖角，改善散热条件，增加刀齿强度，提高切削刃与棱边交角处的耐磨性，延长钻头寿命，减少孔壁的残留面积，有利于减小孔的表面粗糙度值	$2\varphi_o$　ε　f_o　2φ
修磨棱边	在靠近主切削刃的一段棱边上，磨出副后角 α_{o1}=6°～8°，并保留棱边宽度为原来的1/3～1/2，以减小对孔壁的摩擦，延长钻头寿命	0.1~0.2　1.5~4　α_{o1}=6°~8°
修磨前面	修磨外缘处前面，可以减小此处的前角，提高刀齿的强度，钻削黄铜时，可以避免“扎刀”现象	A　A　A—A
修磨分屑槽	在两个后面或前面上磨出几条相互错开的分屑槽，使切屑变窄，以利于排屑。直径大于 15 mm 的钻头都可磨出分屑槽	A　A　a）前面开槽　A　A　b）后面开槽

3. 标准麻花钻的缺点

（1）横刃较长，横刃处前角为负值。切削中，横刃处于挤刮状态，产生很大的轴向力，钻头易抖动，导致不易定心。

（2）主切削刃上各点的前角大小不一样，致使各点切削性能不同。由于靠近钻心处的前角是负值，切削为挤刮状态，切削性能差，产生热量大，钻头磨损严重。

（3）棱边处的副后角为零。靠近切削部分的棱边与孔壁的摩擦比较严重，易发热磨损。

（4）主切削刃外缘处的刀尖角 ε 较小，前角很大，刀齿薄弱，而此处的切削速度最高，故产生的切削热最多，磨损极为严重。

（5）主切削刃长且全部参与切削，增大了切屑变形，排屑困难。

二、扩孔钻

用来扩大工件孔径的加工工具称为扩孔钻，如图 3–34 所示。

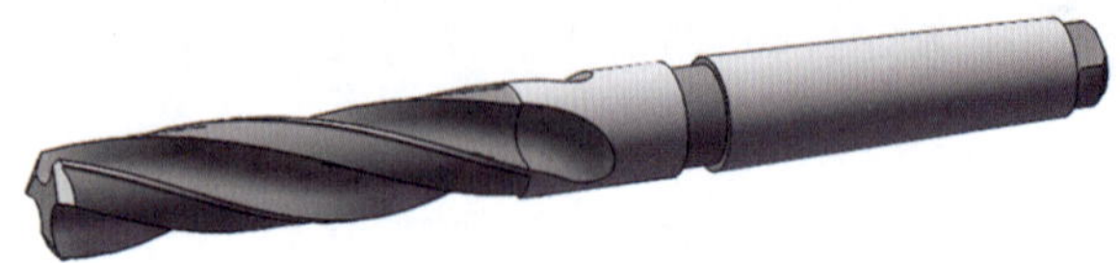

图 3–34　扩孔钻

1. 扩孔钻的形式

（1）直柄扩孔钻

直柄扩孔钻如图 3–35 所示。

图 3–35　直柄扩孔钻

（2）莫氏锥柄扩孔钻

莫氏锥柄扩孔钻如图 3–36 所示。

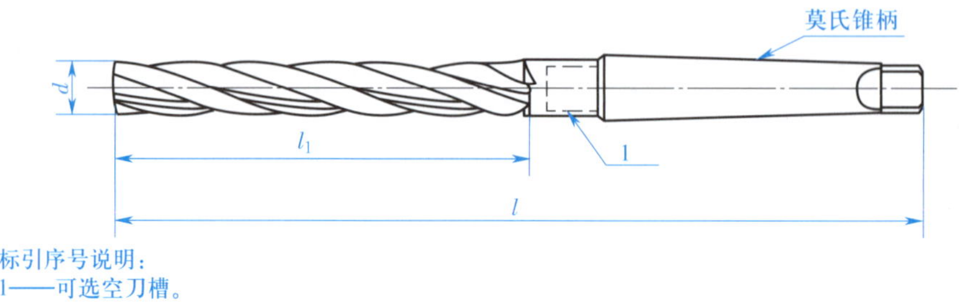

图 3–36　莫氏锥柄扩孔钻

2. 扩孔钻的加工余量

不同直径的扩孔钻，加工余量的推荐值见表 3–8。

表 3–8　扩孔钻的加工余量（摘自 GB/T 4256—2022）　mm

扩孔钻直径（*d*）		加工余量
大于	至	
—	10	0.20
10	18	0.25
18	30	0.30
30	50	0.40

三、铰刀

1. 铰刀的组成

铰刀（以整体式圆柱铰刀为例）由柄部和刀体部分组成（图 3–37）。刀体是铰刀的主要工作部分，它包含导锥、切削锥和校准部分。导锥用于将铰刀引入孔中，不起切削作用；切削锥承担主要的切削任务；校准部分有圆柱刃带，主要起定向、修光孔壁、保证铰孔直径等作用。为了减小铰刀和孔壁的摩擦，校准部分直径略有倒锥度。铰刀齿数一般为 4 ~ 8 齿，为测量直径方便，多采用偶数齿。

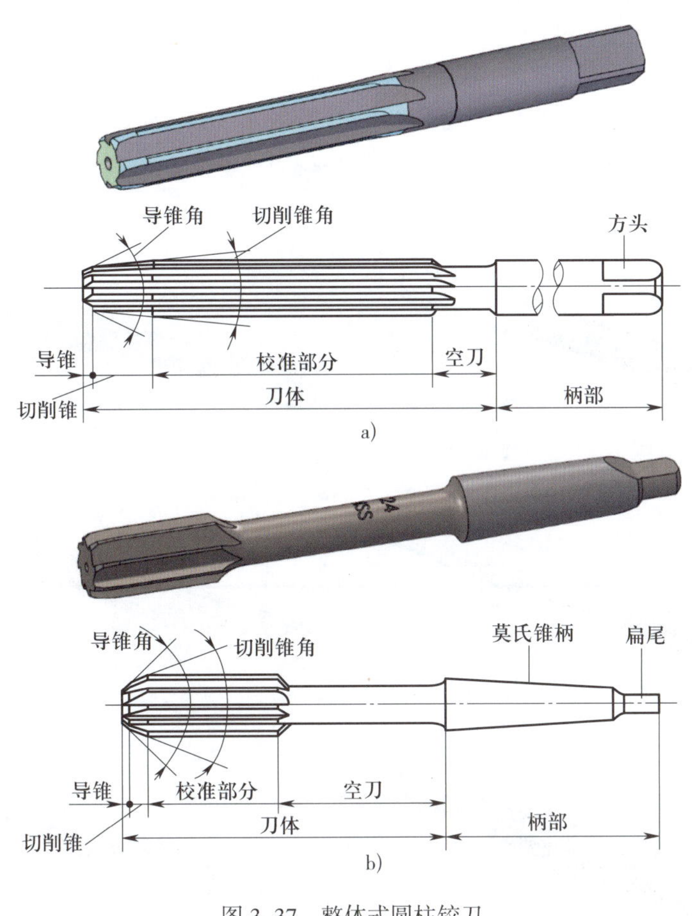

图 3–37　整体式圆柱铰刀

a）手用铰刀　b）机用铰刀

2. 铰刀的种类

铰刀常用 W6Mo5Cr4V2 或其他同等性能的高速钢制成，使用范围较广，其种类、结构特点与应用见表 3–9。铰刀的基本类型如图 3–38 所示。

表 3–9　铰刀的种类、结构特点与应用

种类		结构特点与应用
按使用方法	手用铰刀	柄部为方榫形，以便铰杠套入。其工作部分较长，切削锥角较小
	机用铰刀	工作部分较短，切削锥角较大

续表

<table>
<tr><th colspan="3">种类</th><th>结构特点与应用</th></tr>
<tr><td rowspan="2">按结构</td><td colspan="2">整体式圆柱铰刀</td><td>用于铰削标准直径系列的孔</td></tr>
<tr><td colspan="2">可调节手用铰刀</td><td>用于单件生产和修配工作中非标准孔的铰削</td></tr>
<tr><td rowspan="6">按外部形状</td><td colspan="2">直槽铰刀</td><td>用于铰削普通孔</td></tr>
<tr><td rowspan="4">锥铰刀</td><td>1∶10 锥铰刀</td><td>用于铰削与锥销配合的一般锥孔</td></tr>
<tr><td>莫氏锥铰刀</td><td>用于铰削 0 号 ~ 6 号莫氏锥孔</td></tr>
<tr><td>1∶30 锥铰刀</td><td>用于铰削套式刀具上的锥孔</td></tr>
<tr><td>1∶50 锥铰刀</td><td>用于铰削圆锥定位销孔</td></tr>
<tr><td colspan="2">螺旋槽铰刀</td><td>适于铰削有键槽的内孔</td></tr>
<tr><td rowspan="2">按切削部分材料</td><td colspan="2">高速钢铰刀</td><td>用于铰削各种非合金钢或合金钢</td></tr>
<tr><td colspan="2">硬质合金铰刀</td><td>用于高速铰削或硬材料的铰削</td></tr>
</table>

图 3-38 铰刀的基本类型

a）直柄机用铰刀 b）锥柄机用铰刀 c）硬质合金锥柄机用铰刀 d）手用铰刀
e）可调节手用铰刀 f）螺旋槽手用铰刀 g）直柄莫氏圆锥铰刀 h）手用 1∶50 锥铰刀

小提示

为了获得较高的铰孔质量，一般手用铰刀的齿距在圆周上不是均匀分布的，但为了便于制造和测量，不等齿距的铰刀常制成 180° 对称的不等齿距（图 3–39）。采用不等齿距的铰刀，铰削时切削刃不会在同一地点停歇而使孔壁产生轴向凹痕，提高了铰孔质量。

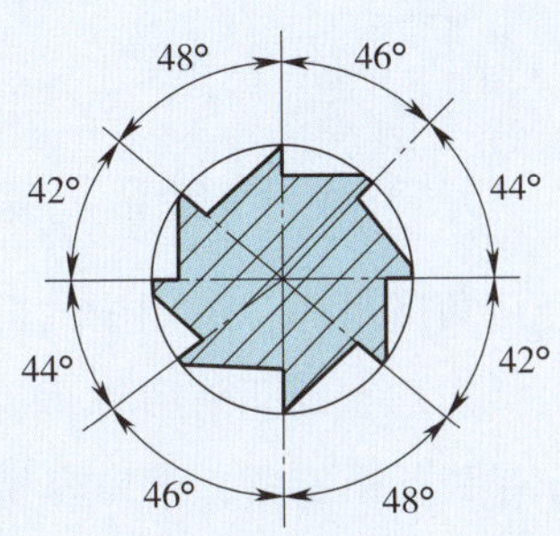

图 3–39　铰刀刀齿分布

四、锪钻

锪钻是一种钻尖呈圆锥面或平面的孔加工刀具，根据其应用锪钻可分为柱形锪钻、锥形锪钻和端面锪钻，如图 3–40 所示。

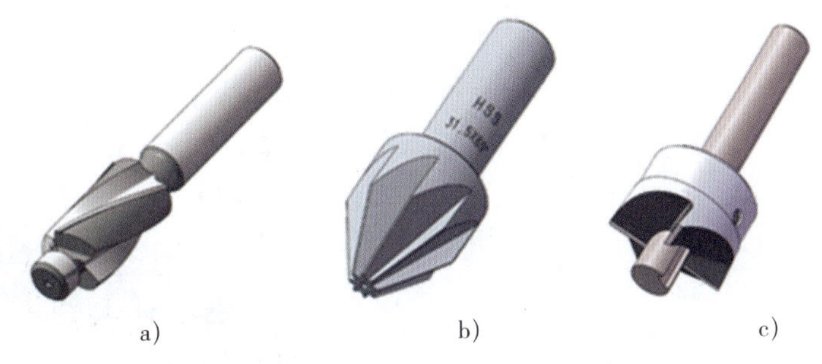

图 3–40　锪钻

a）柱形锪钻　b）锥形锪钻　c）端面锪钻

1. 柱形锪钻

锪圆柱形沉孔（柱坑）用的柱形锪钻如图 3–41 所示。

柱形锪钻的端面切削刃起主切削刃作用，螺旋槽斜角就是它的前角（$\gamma_o=w=15°$），后角 $\alpha_o=8°$。外圆上的切削刃是副切削刃，起修光孔壁的作用，副后角 $\alpha_{o1}=8°$。锪钻前有导柱，导柱直径与已经加工好的孔采用 f7 间隙配合，以保证良好的定心和导向。这种导柱是装卸式的，在刃磨锪钻端面切削刃时比较方便。导柱和锪钻可以制成一体。

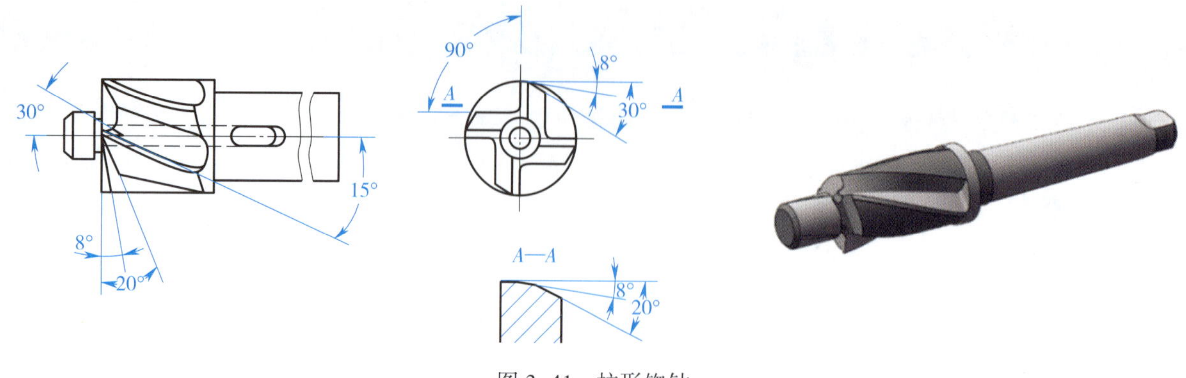

图 3–41　柱形锪钻

标准锪钻虽然有多种规格，但从经济角度考虑，适用于成批大量生产，不少场合可用标准麻花钻改制成柱形锪钻（图 3–42a）。其导柱直径与已有的孔采用 f7 间隙配合。端面切削刃是在锯片砂轮上磨出的，后角 α_o=8° 左右。由于导柱部分有两条螺旋槽，槽口容易把工件上的小孔刮伤，所以最好把两条螺旋槽的锋口倒钝。用麻花钻改制的不带导柱的锪钻（图 3–42b）加工柱形沉孔时，必须先用标准麻花钻扩出一个台阶孔作导向，然后再用平底锪钻锪至深度尺寸，即按“一钻、二扩、三锪”的顺序进行，如图 3–43 所示。这种锪钻还可用于锪平底不通孔。

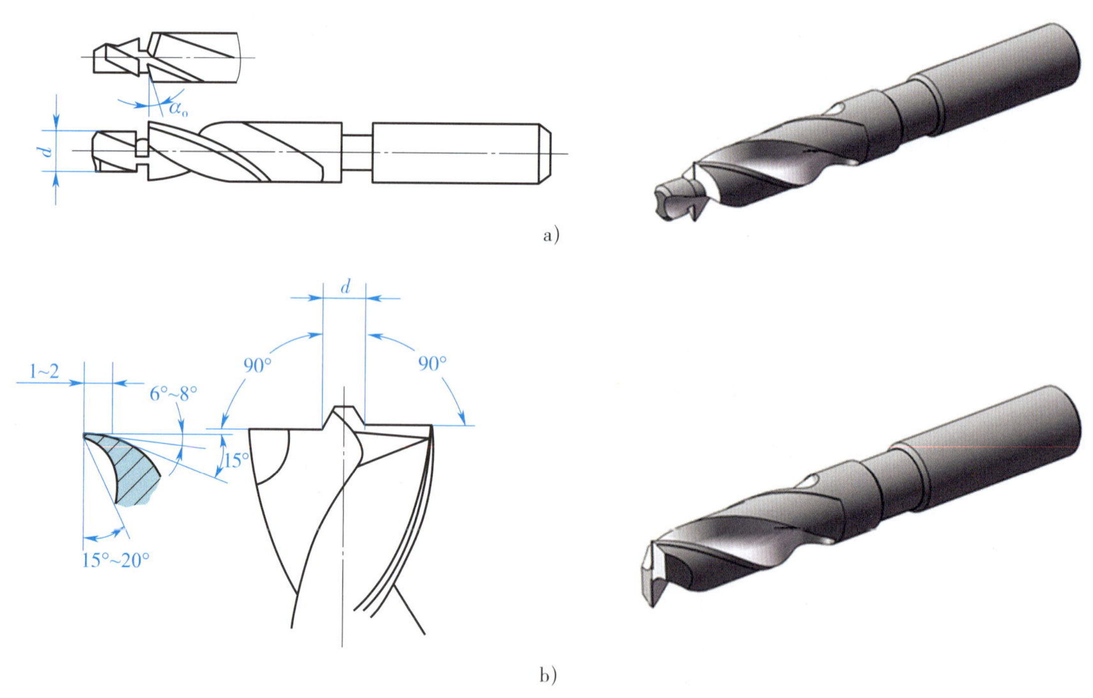

图 3–42　用标准麻花钻改制的柱形锪钻

a）带导柱　b）不带导柱

2. 锥形锪钻

锪锥形沉孔（锥坑）用的锥形锪钻如图 3–44 所示。

锥形锪钻的锥角（2φ）按工件锥形沉孔的要求不同，有 60°、75°、90°、120° 四种，其中 90° 锥角用得最多。锥形锪钻的直径为 12 ~ 60 mm，齿数为 4 ~ 12 个。为了改善钻尖处的容屑条件，每隔一齿将此处的切削刃切去一块。锥形锪钻的前角 γ_o=0°，后角 α_o=6° ~ 8°。

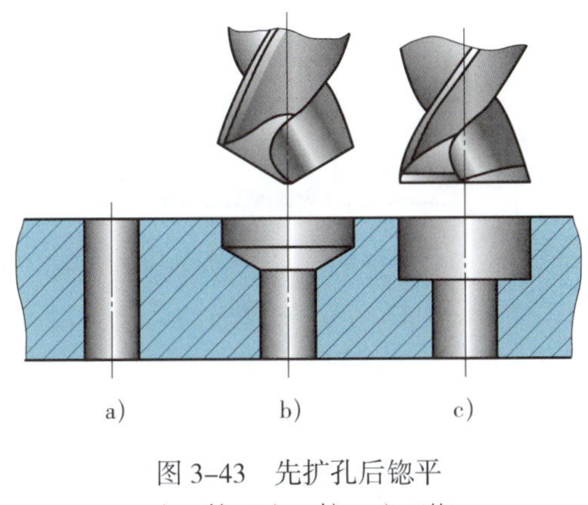

图 3-43 先扩孔后锪平
a）一钻 b）二扩 c）三锪

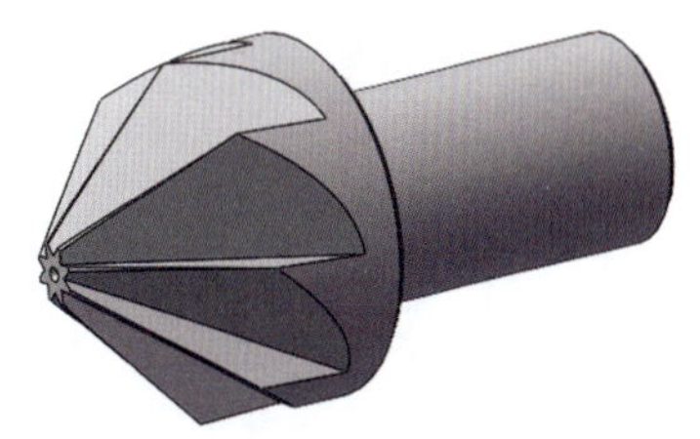
图 3-44 锥形锪钻

锥形锪钻也常用麻花钻改成（图 3-45），2φ 磨成所需的大小，后角要磨得小些，在外缘处的前角也磨得小些，两切削刃要磨得对称。这样，锪出的锥坑表面才能光滑，否则容易产生振痕。

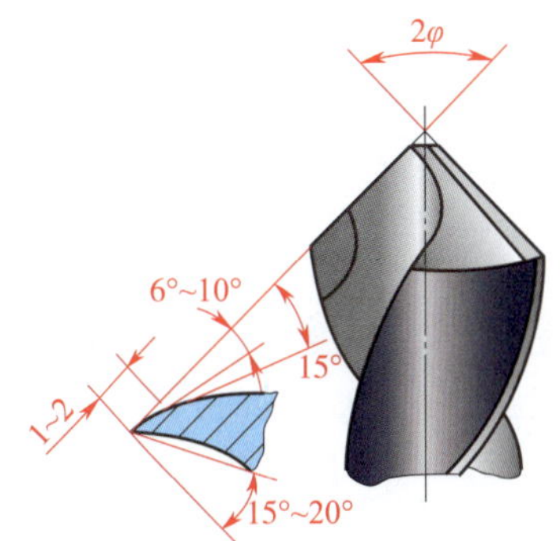

图 3-45 锥形锪钻的几何角度

3. 端面锪钻

专门用来锪平孔口端面的锪钻为端面锪钻，如图 3-43c 所示。端面锪钻的端面刀齿为切削刃，前端导柱用来导向定心，以保证孔端面与孔中心线的垂直度。

第六节 螺纹加工工具

一、丝锥

丝锥是加工内螺纹的工具，分为手用丝锥和机用丝锥，如图 3-46 所示。手用丝锥一般用 9SiCr 或同等性能的其他牌号合金工具钢制造，机用丝锥用高速钢或高性能高速钢制造。

1. 丝锥的结构

丝锥由柄部和工作部分组成。柄部起夹持和传动作用。在工作部分上沿轴向开有几条容屑槽，以形成锋利的切削刃，前段为切削锥，起切削和引导作用；后段为校准部分，有完整的牙型，用来修光和校准已切出的螺纹，并引导丝锥沿轴向前进。为了减小牙侧的摩擦，在校准部分的直径上略有倒锥。

2. 成组丝锥

攻螺纹时，为了减小切削力和延长丝锥寿命，一般将整个切削工作量分配给几支丝锥来承担。通常 M6 ~ M24 丝锥每组有两支；M6 以下及 M24 以上的丝锥每组有三支；细牙螺纹丝锥为两支一组。成组丝锥切削量的分配形式有两种，即锥形分配和柱形分配，如图 3-47 所示。

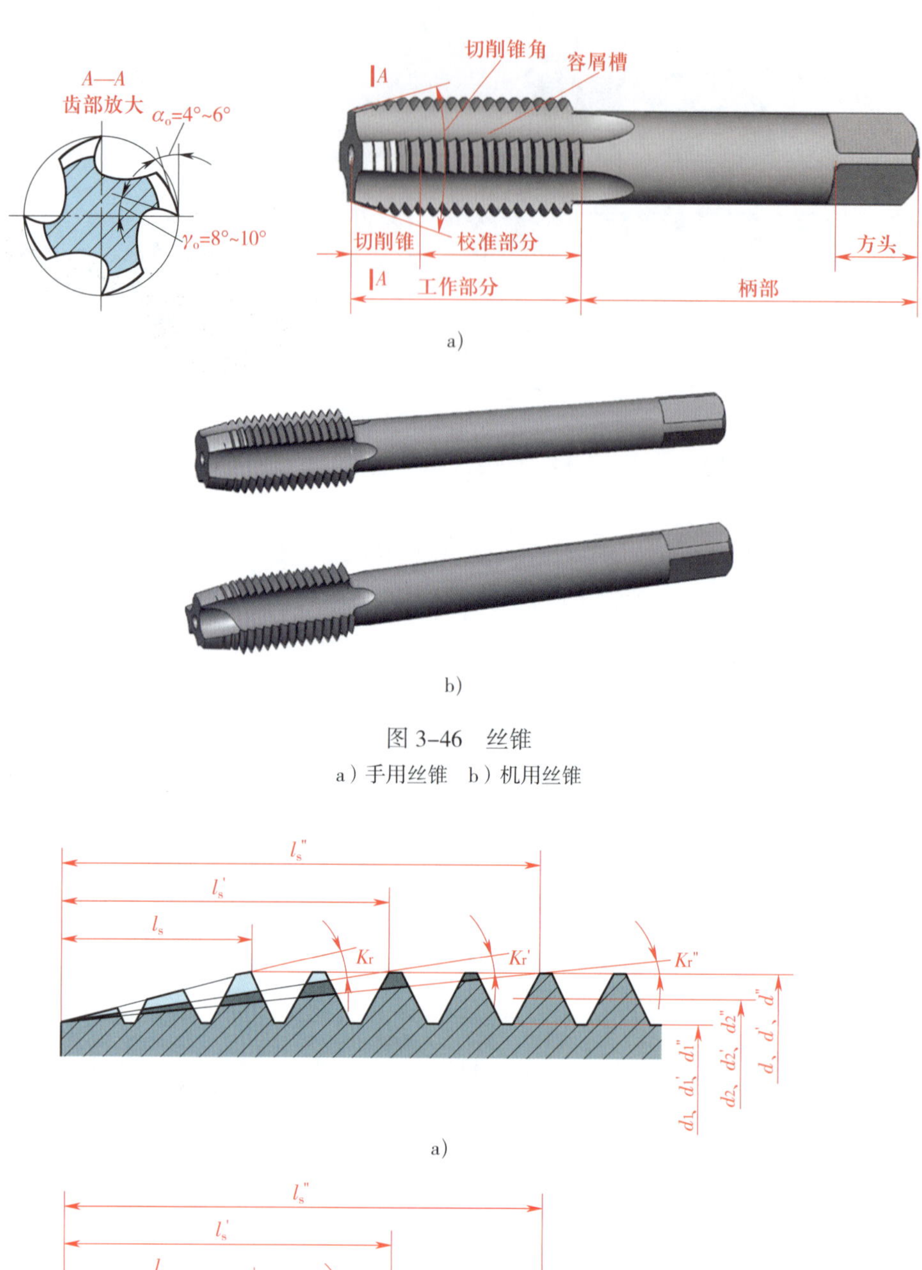

图 3-46　丝锥

a）手用丝锥　b）机用丝锥

图 3-47　成组丝锥切削量的分配

a）锥形分配　b）柱形分配

锥形分配（等径丝锥）（图 3-48）：在成组丝锥中，各支丝锥的大径、中径、小径均相等，仅切削锥的长度及切削锥角不等。切削锥较长，且切削锥角较小的为初锥，在通孔中攻螺纹可一次加工完成螺纹成品尺寸；切削锥较短的为底锥，它只起修短螺尾的作用；切削锥长度介于初锥和底锥之间的为中锥，具有单支丝锥的功能。

柱形分配（不等径丝锥）（图 3–49）：在成组丝锥中，各支丝锥的大径、中径、小径以及切削锥长度和切削锥角均不相等。切削锥较长且切削锥角较小的为第一粗锥（头锥），它的校准部分不具备完整螺纹牙型，在加工螺纹时起粗加工作用；切削锥较短的为精锥，它的校准部分具有完整螺纹牙型，起最后精加工作用；切削锥长度介于第一粗锥和精锥之间的为第二粗锥（二锥），起第二次粗加工作用。这种丝锥的切削量分配比较合理，切削省力，各支丝锥磨损量差别小，寿命长，攻制的螺纹表面粗糙度值小。通常三支一组的丝锥按 6∶3∶1 分担切削量；两支一组的丝锥按 7.5∶2.5 分担切削量。

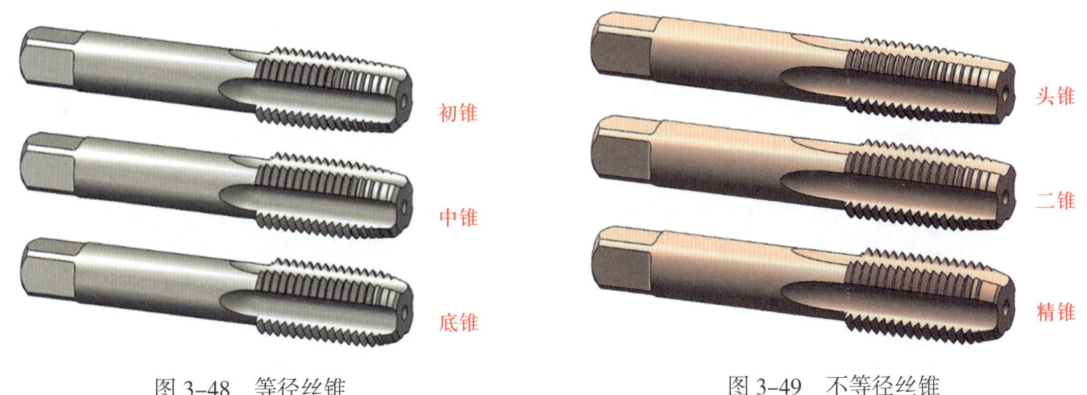

图 3–48　等径丝锥　　　图 3–49　不等径丝锥

二、板牙

板牙是加工外螺纹的工具，它用 9SiCr 或同等性能的其他牌号合金工具钢制造，其螺纹部分的硬度不低于 60HRC，也可用 W6Mo5Cr4V2 或同等性能的其他牌号高速钢制造。板牙可装在板牙架中用手工加工螺纹，也可在机床上使用。板牙加工出的螺纹精度较低，但由于其结构简单、使用方便，在单件、小批生产和修配中仍得到广泛应用。

钳工常用的板牙如图 3–50 所示，板牙由切削锥、校准部分和容屑孔组成，它本身就相当于一个具有很高硬度的螺母，螺孔周围制有几个容屑孔而形成刀刃。板牙两端面都有切削锥，待一端磨损后，可换另一端使用。

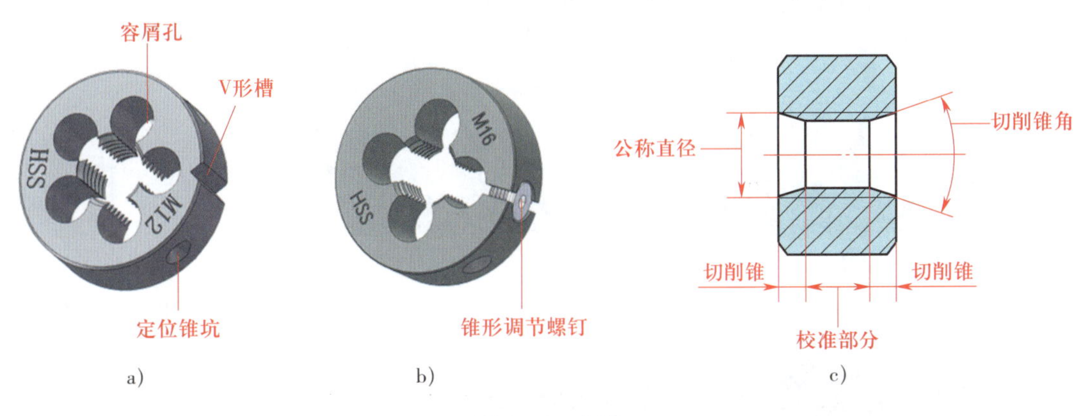

图 3–50　板牙

a）整体式　b）可调式　c）工作部分结构

第四章

钳工常用测量器具

第一节　长度测量器具

一、游标、带表和数显卡尺

1. 游标卡尺

游标卡尺是带有测量卡爪并用游标读数的量尺。游标卡尺可用来测量长度、厚度、外径、内径、孔深和中心距等。

（1）游标卡尺的类型及主要参数（表 4–1）

表 4–1　　游标卡尺的类型及主要参数

类型		分度值 / mm	测量范围 / mm	用途
游标卡尺（GB/T 21389—2008）	Ⅰ型	0.02 0.05 0.10	0 ~ 125 0 ~ 150	测量内外直径、长度和深度
	Ⅱ型		0 ~ 200 0 ~ 300	
	Ⅲ型		0 ~ 500 0 ~ 1 000	测量内外直径和长度
	Ⅳ型			

续表

类型		分度值 / mm	测量范围 / mm	用途
游标高度卡尺（GB/T 21390—2008）		0.02 0.05	0 ~ 200 0 ~ 300 0 ~ 500 0 ~ 1 000	测量高度及用于较精密的划线
		0.10	0 ~ 500 0 ~ 1 000	
游标深度卡尺（GB/ T 21388—2008）		0.02 0.05 0.10	0 ~ 200 0 ~ 300 0 ~ 500	测量孔、槽深度或台阶的高度

1）标尺间距。标尺间距是指沿着标尺长度的同一条线测得的两相邻标尺标记之间的距离。游标卡尺尺身上的标尺间距为 1 mm。

2）测量范围。测量范围是指测量器具的误差在规定极限内的一组被测量的值（被测量值的下限值至上限值的范围）。钳工常用的游标卡尺的测量范围有 0 ~ 150 mm、0 ~ 200 mm、0 ~ 300 mm 等几种。

3）分度值。分度值是对应两相邻标尺标记的两个值之差。常用游标卡尺的分度值有 0.02 mm、0.05 mm 和 0.10 mm 三种。

分度值是测量器具所能直接读出示值的最小单位量值，它反映了该测量器具的测量精度高低。一般来说，分度值越小，测量器具的精度越高。

4）最大允许误差（允许误差极限）。对于测量器具，由技术规范、规程等允许的误差极限值称为最大允许误差。它是测量器具本身各种误差的综合反映。游标卡尺外测量的最大允许误差见表 4–2。

表 4-2　　游标卡尺外测量的最大允许误差（摘自 GB/T 21389—2008）　　mm

<table>
<tr><td rowspan="3">测量范围</td><td colspan="3">最大允许误差</td></tr>
<tr><td colspan="3">分度值</td></tr>
<tr><td>0.02</td><td>0.05</td><td>0.10</td></tr>
<tr><td>0 ~ 70</td><td>± 0.02</td><td rowspan="3">± 0.05</td><td rowspan="5">± 0.10</td></tr>
<tr><td>0 ~ 150</td><td rowspan="2">± 0.03</td></tr>
<tr><td>0 ~ 200</td></tr>
<tr><td>0 ~ 300</td><td>± 0.04</td><td>± 0.06</td></tr>
<tr><td>0 ~ 500</td><td>± 0.05</td><td>± 0.07</td></tr>
<tr><td>0 ~ 1 000</td><td>± 0.07</td><td>± 0.10</td><td>± 0.15</td></tr>
</table>

（2）游标卡尺的结构

图 4-1 所示为游标卡尺的结构，它主要由尺身、游标尺、内测量爪、外测量爪、深度尺和紧固螺钉等部分组成。因为带有深度尺可测量深度，所以俗称三用游标卡尺。Ⅱ型和Ⅰ型相比多了台阶测量面，Ⅲ型和Ⅳ型游标卡尺设有微动装置，可以微调游标位置，但不带深度尺。

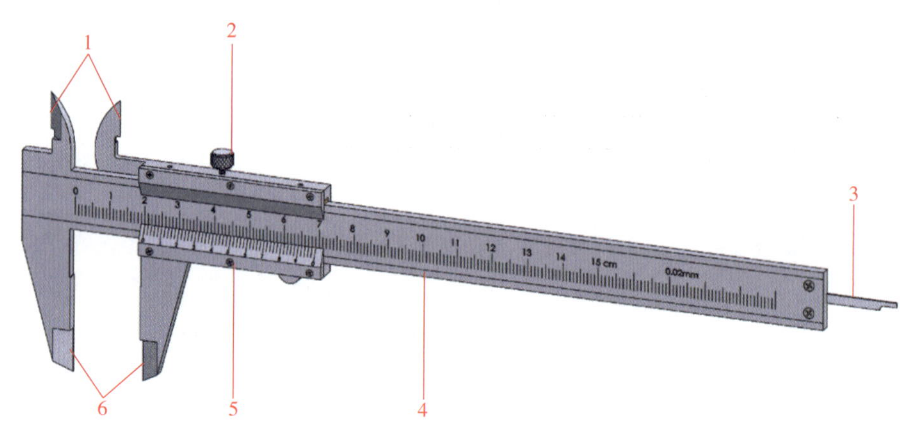

图 4-1　游标卡尺的结构

1—内测量爪　2—紧固螺钉　3—深度尺　4—尺身　5—游标尺　6—外测量爪

（3）游标卡尺的标记原理与示值读取方法

钳工常用游标卡尺的分度值为 0.02 mm。

1）标记原理。尺身上主标尺间距（每小格长度）为 1 mm，当两测量爪合并时，游标尺上的 50 格刚好与主标尺上的 49 mm 对正，则游标尺间距（每小格长度）为 49 mm/50=0.98 mm，主标尺间距与游标尺间距每格相差 1 mm−0.98 mm=0.02 mm，即 0.02 mm 就是该游标卡尺的分度值（最小读数值），如图 4-2 所示。

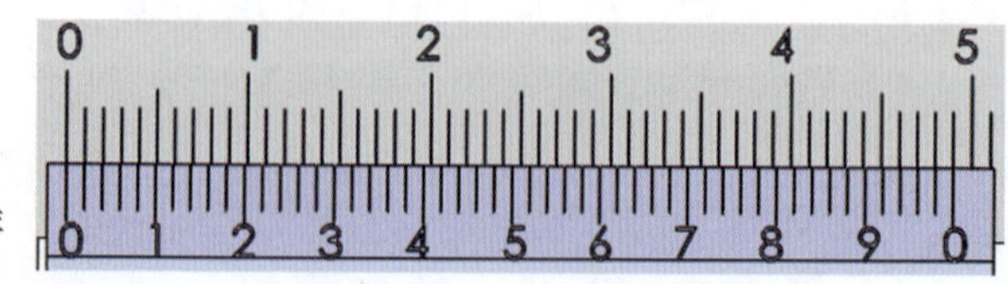

图 4-2　游标卡尺的标记原理

2）游标卡尺的示值读取方法。游标卡尺是以游标零线为基准进行读数的，其读数步骤为：

①读整数。在主标尺上读出位于游标尺零线左边最接近的整数值。

②读小数。用游标尺上与主标尺刻线对齐的刻线格数，乘以游标卡尺的分度值，读出小数部分。

③求和。将两项读数值相加，即为被测尺寸数值，如图 4–3 所示。

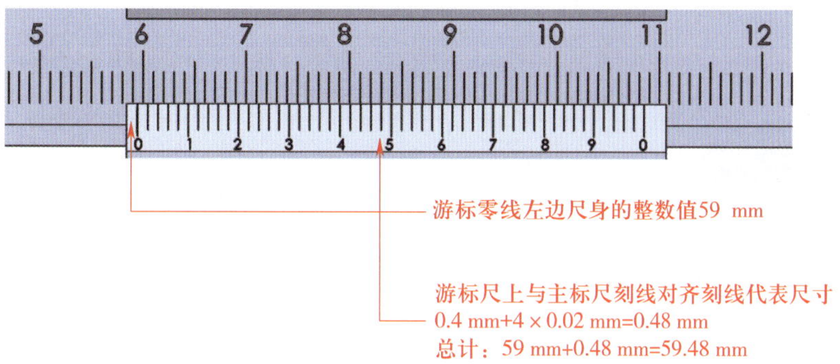

图 4–3　游标卡尺的示值读取方法

（4）使用游标卡尺的注意事项

1）游标卡尺适用于 IT10 ~ IT16 尺寸的测量和检验，应按工件的尺寸及精度要求合理选用。

2）不能用游标卡尺测量铸、锻件毛坯尺寸，也不能用游标卡尺测量精度要求过高的工件。

3）使用前要检查游标卡尺测量爪和测量刃口是否平直无损；两量爪贴合时有无漏光现象，主标尺和游标尺的零线是否对齐。

4）测量外尺寸时，外测量爪应张开到略大于被测尺寸，以固定量爪贴住工件，用轻微推力把活动量爪推向工件，卡尺测量面的连线应垂直于被测量表面，不能偏斜，如图 4–4 所示。

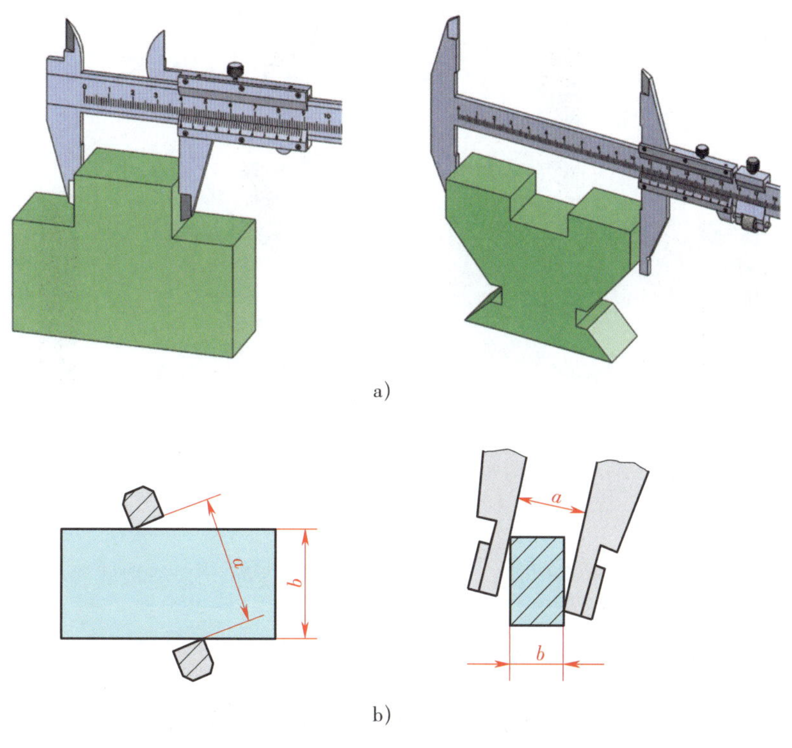

图 4–4　测量外尺寸的方法

a）正确　b）错误

5）测量内尺寸时，内测量爪开度应略小于被测尺寸，以固定量爪贴住工件内表面一侧，然后拉动游标尺靠近工件内表面另一侧。测量内孔时，两内测量爪测量位置要正确，不得倾斜，如图 4–5 所示。

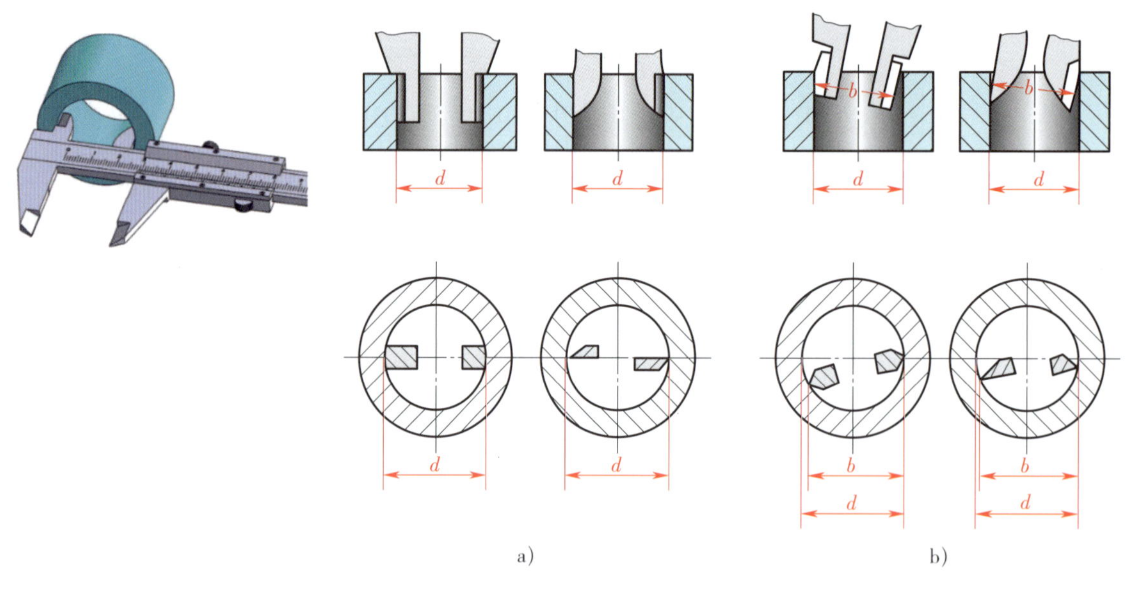

图 4–5 测量内尺寸的方法

a）正确 b）错误

6）测量槽深或高度尺寸时，应使深度尺的测量面紧贴槽底，游标卡尺的端面与被测件的表面接触，且深度尺要垂直，不可前后左右倾斜，如图 4–6 所示。

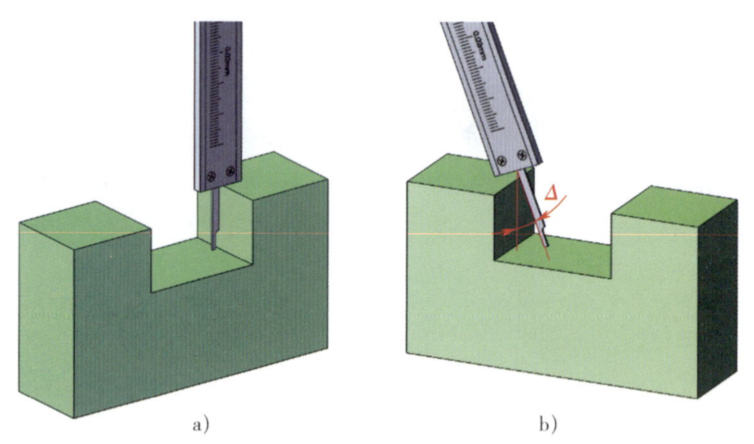

图 4–6 测量槽深的方法

a）正确 b）错误

7）读数时，游标卡尺应置于水平位置，视线垂直于刻线表面，避免视线歪斜造成示值读取误差。

2. 带表卡尺

带表卡尺是利用机械传动系统，将两同名测量面的相对移动转变为指示表指针的回转运动，并借助尺身标尺和指示表对两同名测量面相对移动所分隔的距离进行读数的测量器具，如图 4–7 所示。其分度值一般为 0.01 mm，它是由指示表标记代替游标读数，读数直观、使用方便。

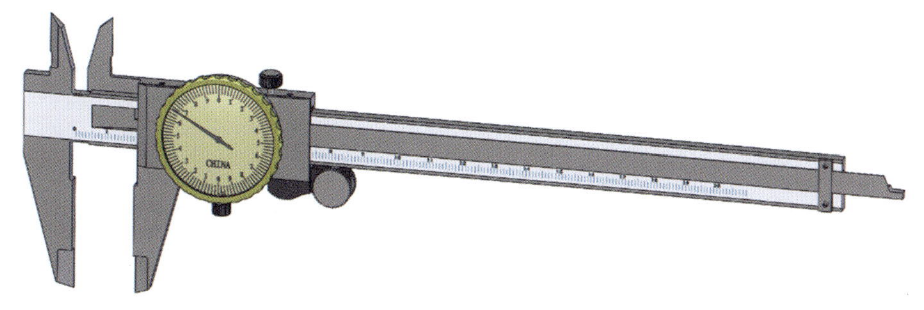

图 4–7　带表卡尺

带表卡尺的主要参数见表 4–3，详见 GB/T 21389—2008。

表 4–3　　带表卡尺的主要参数　　mm

测量范围	指示表分度值	指示表示值范围
0 ~ 150	0.01	1
0 ~ 200	0.02	1
		2
0 ~ 300	0.05	5

3. 数显卡尺

数显卡尺是利用电子测量、数字显示原理，对两同名测量面相对移动分隔的距离进行读数的测量器具，如图 4–8 所示。此类卡尺用分辨力（一般为 0.01 mm）来代替分度值，其特点是读数直观准确，使用方便。当数显卡尺测得某一尺寸时，数字显示部分就清晰地显示出测量结果。使用公制 / 英制转换键，可分别用公制和英制两种长度单位进行测量。

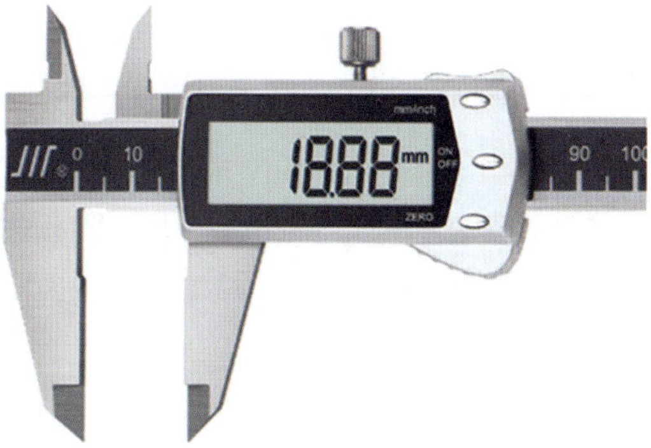

图 4–8　数显卡尺

4. 卡尺的正确使用

（1）使用前的检测

1）用软布或棉纱将尺身、游标、量爪测量面等擦净。

2）卡尺不能带有磁性。

3）尺框在尺身上移动灵活平稳，不得有明显的间隙松动或卡滞。

4）外测量爪测量面合拢接触后不得有明显的漏光，游标类卡尺尺身与游标的零线必须对齐，带表卡尺的百分表指针调至零位，数显卡尺显示读数为零。

5）用紧固螺钉固定尺框时，卡尺的读数不发生变化。

（2）正确的使用方法

1）根据不同测量对象，合理选用量爪。例如测量圆柱形工件和平直端面尺寸选用平面形量爪，测量沟槽底径等尺寸选用刀口形量爪，测量内孔和槽宽等尺寸选用圆弧形和刀口形内测量爪。

2）摆正测量位置，不能产生歪斜，保持合适测力。测量时靠测量者的手感掌握测力，应使量爪测量面与被测工件表面在轻微游动中密切贴合。带有微动装置的卡尺，当量爪接近被测工件表面时，应旋紧螺钉，再用微动螺母微调尺框，使量爪与被测工件表面良好接触。

3）垂直正视刻线，正确读取尺寸读数。量爪与被测工件表面良好接触后，在极轻微的游动中进行测量。测外尺寸时，沿径向找最小尺寸位置；测内尺寸时，在沿径向找最大尺寸位置的同时沿轴向找最小尺寸位置；测深度时，卡尺定位端面应与被测工件基准平面贴合，使尺身与被测工件基准平面垂直。读数时，数显卡尺直接有尺寸读数显示；带表卡尺应垂直正视尺身指针和百分表盘的刻度，将尺框左端面左邻尺身刻线尺寸读数与百分表上尺寸读数相加；游标卡尺要垂直正视刻线，特别要注意游标刻线与尺身刻线的对齐情况，必要时可用放大镜观察核对。

（3）卡尺的维护保养

卡尺使用完毕，应平放在卡尺盒内。如果较长时间不使用，应用汽油擦净，并涂一薄层防锈油。卡尺应远离强磁场区，以免被磁化而带上磁性，影响正常使用。

二、千分尺

1. 外径千分尺

利用螺旋副把测微螺杆的旋转角度转换成测微螺杆的轴向位移，对尺架上两测量面间分隔的距离进行读数的外尺寸测量器具称为外径千分尺。外径千分尺是一种精密量具，其测量精度比游标卡尺高，应用广泛。

（1）外径千分尺的结构

外径千分尺的结构如图 4–9 所示，它由尺架、固定测砧、测微螺杆、固定套管、微分筒、测力装置和锁紧装置等组成。外径千分尺应附有调零位的工具，测量范围下限大于或等于 25 mm 的外径千分尺应附有校对量杆，尺架上应安装有隔热装置。

（2）外径千分尺的标记原理与示值读取方法

外径千分尺的分度值有 0.01 mm、0.001 mm 和 0.002 mm 几种，其中分度值为 0.01 mm 的外径千分尺的标记原理如下：

如图 4–10 所示，固定套管上的标记为主标尺，在基准线两侧分别有两排标记，标有数字的一排间距为 1 mm，另一排为每毫米标记的中分线，即上、下两相邻标记的间距为 0.5 mm；微分筒圆锥面上的标记为副标尺，在圆周上有 50 个等分标记。由于外径千分尺测微螺杆的螺距为 0.5 mm，因此，当微分筒（与测微螺杆相连接）旋转 1 周时，测微螺杆就轴向移动 0.5 mm。若微分筒旋转 1/50 周时（转过 1 格），则测微螺杆移动的轴向距离为 0.5 mm/50=0.01 mm。由此可知，该外径千分尺的分度值为 0.01 mm。

外径千分尺的示值读取方法为：

1）在固定套管上读出与微分筒相邻近的标记数值。

2）用微分筒上与固定套管的基准线对齐的标记格数，乘以外径千分尺的分度值（0.01 mm），读出不足 0.5 mm 的数值。

3）将两项读数相加，即为被测尺寸的数值，如图 4–11 所示。

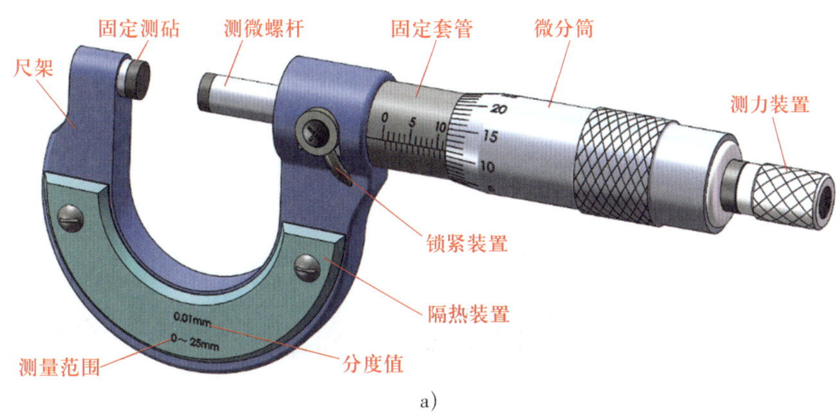

a）

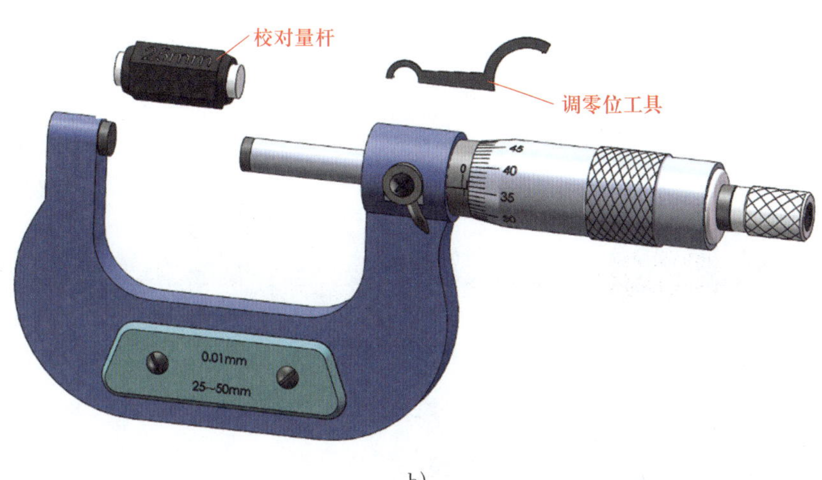

b）

图 4–9　外径千分尺的结构

a）0～25 mm 外径千分尺　b）25～50 mm 外径千分尺

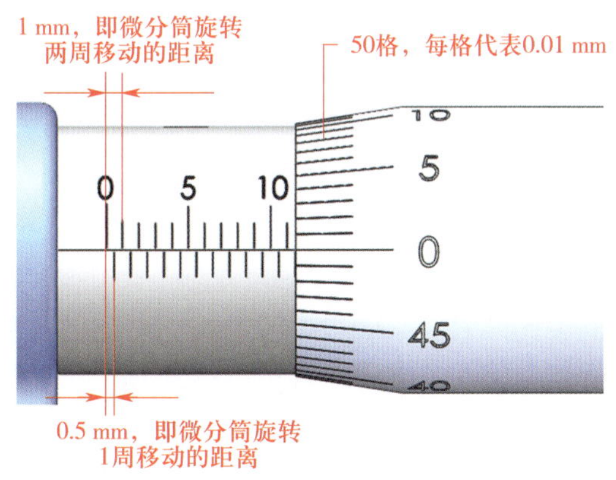

图 4–10　外径千分尺的标记原理

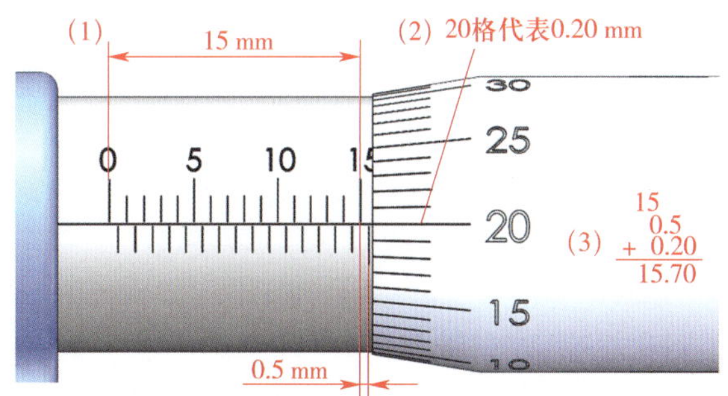

图 4–11　外径千分尺的示值读取方法

（3）外径千分尺的测量范围

外径千分尺的测量范围是指被测量值的下限值至上限值的范围，常用的有 0～25 mm、25～50 mm、50～75 mm、75～100 mm、100～125 mm、125～150 mm 等几种。

（4）使用外径千分尺的注意事项

1）外径千分尺适用于 IT16 ~ IT6 尺寸的测量和检验，应按工件的尺寸及精度要求正确合理地选用外径千分尺。

2）外径千分尺的测量面应保持干净，使用前应校对零位，如图 4–12 所示。

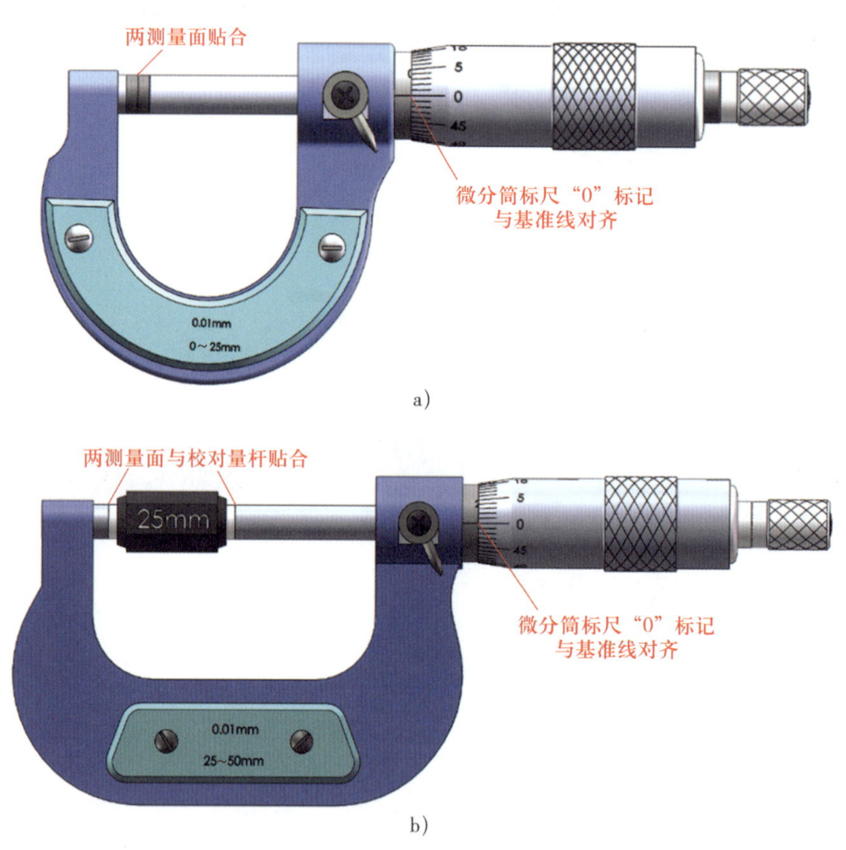

图 4–12 外径千分尺校对零位

a）测量范围 0 ~ 25 mm b）测量范围 25 ~ 50 mm

3）测量时，先转动微分筒，当测量面接近工件时，改用测力装置，直到测力装置发出“吱、吱”声为止。

4）测量时，外径千分尺要放正，并注意温度的影响。

5）不能用外径千分尺测量毛坯或转动的工件。

6）为防止尺寸变动，可转动锁紧装置，锁紧测微螺杆。

2. 数显千分尺

数显千分尺是利用螺旋副原理，通过电子测量、数字显示，对尺架上两测量面间分隔的距离进行读数的外径千分尺，如图 4–13 所示。

数显千分尺的分辨力为 0.001 mm，量程分别为 0 ~ 25 mm、25 ~ 50 mm、50 ~ 75 mm、75 ~ 100 mm 等，即每隔 25 mm 为一挡。

如使用 25 ~ 50 mm 的数显千分尺时，需要进行置零操作。按置零按钮，若此时显示屏显示读数为 25.000 mm，表示置零成功，可以进行工件测量。

在测砧和测微螺杆两测量面洁净的前提下，旋转微分筒，使测砧和测微螺杆分别与工件接触，随即再转动微分筒 1 ~ 2 圈，用以造成适度的测量力。此时即可在显示屏上读取测量的数值。读取工件尺寸时，为防止尺寸变动，可转动制动器，锁紧测微螺杆。

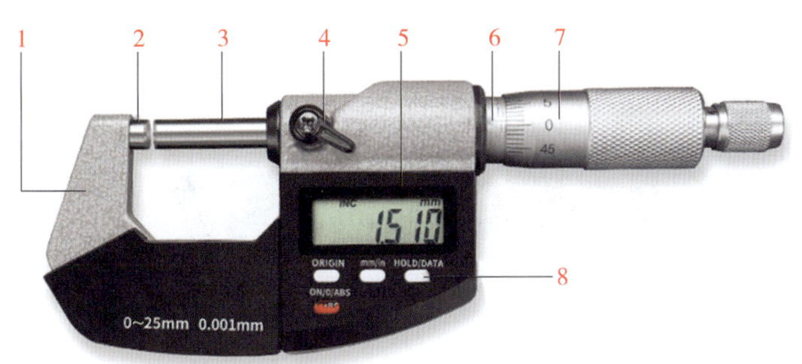

图 4–13　数显千分尺

1—弓架　2—测砧　3—测微螺杆　4—制动器

5—显示屏　6—固定套管　7—微分筒　8—按钮

三、实物量具

前面介绍的长度测量器具，如游标卡尺等，它们的最大特点是可以直接读出被测零件的尺寸数值。此外，还存在一类长度测量器具，它们是以固定形态复现或提供给定量的一个或多个已知量值的器具，称为实物量具（简称量具）。如光滑极限量规（塞规、卡规等）、塞尺、量块、半径样板等。

1. 塞规

塞规是指用于孔径检验的光滑极限量规（具有以孔径或轴径的上极限尺寸和下极限尺寸为标准测量面，能以包容原则反映被检孔或轴边界条件的实物量具），其测量面为外圆柱面。其中，圆柱直径具有被检孔径下极限尺寸的一端为孔用通规，具有被检孔径上极限尺寸的一端为孔用止规，如图 4–14 所示。

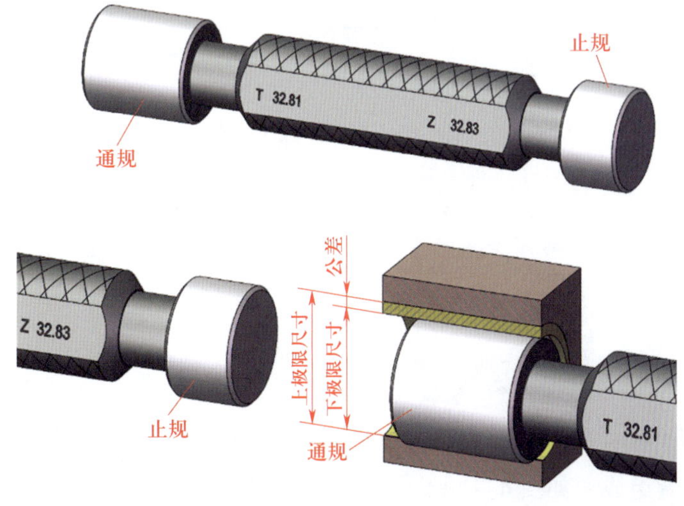

图 4–14　塞规

塞规是一种专用测量器具，它不能读出被测零件的实际尺寸数值，但是能判断被测零件的尺寸是否合格。当用塞规检验工件时，如果通规能通过，止规不能通过，这就说明这个零件尺寸是合格的。否则，为不合格。塞规有多种形式和规格，其中钳工常用来检验铰孔精度的锥柄圆柱塞规（利用 1∶50 的锥度将通规和止规测头安装在手柄上）结构如图 4–15 所示。

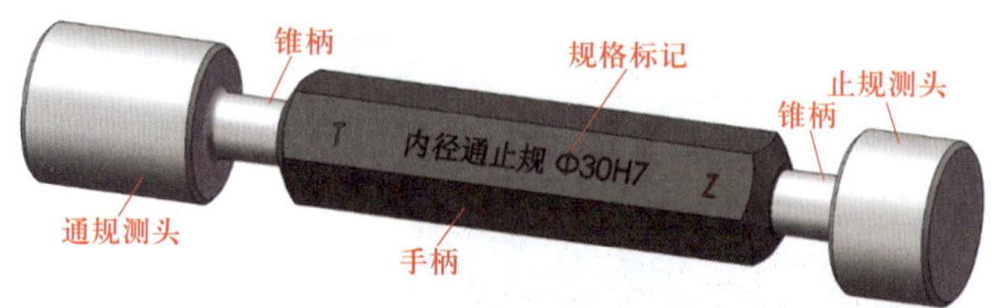

图 4–15 锥柄圆柱塞规

2. 卡规

卡规是用于轴径检验的光滑极限量规，其测量面为两对称的平面。两测量面间距具有被检轴径上极限尺寸的为轴用通规，具有被检轴径下极限尺寸的为轴用止规。卡规有两端使用和一端使用两种形式，如图 4–16 所示。

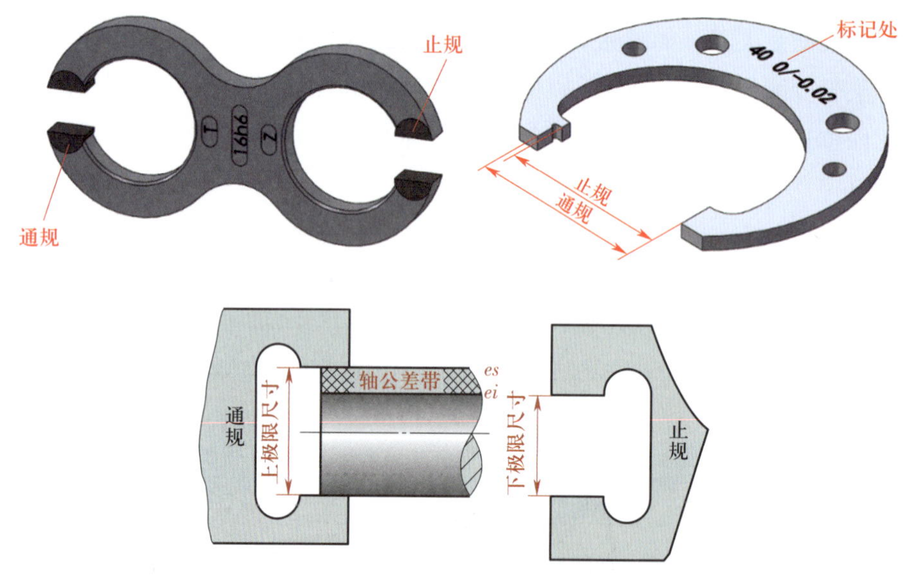

图 4–16 卡规

用卡规检验轴类工件时，如果通规能通过且止规不能通过，说明该工件的尺寸在允许的公差范围内，是合格的。二者缺一不可，否则，就不合格。卡规的特点是检验效率高，在成批大量生产中应用广泛。

3. 塞尺

塞尺是具有准确厚度尺寸的单片或成组的薄片，用于检验间隙的实物量具。它有两个平行的测量平面，每套塞尺由若干片组成，如图 4–17 所示。测量时，用塞尺片直接塞入间隙，如果一片或数片能塞进两贴合面之间，则一片或数片的厚度（可由每片上的标记值读出）即为两贴合面的间隙值。

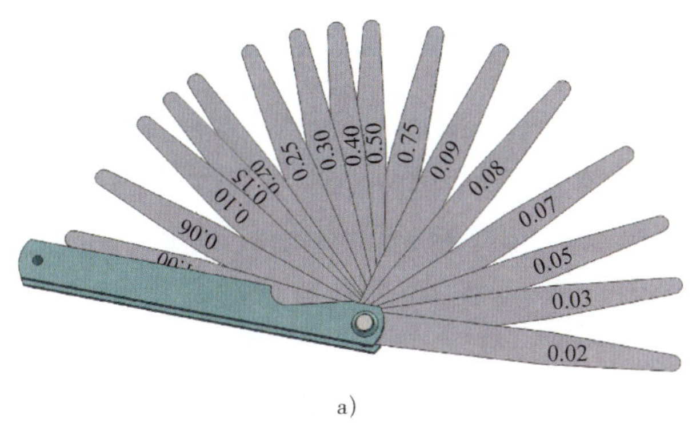

a)

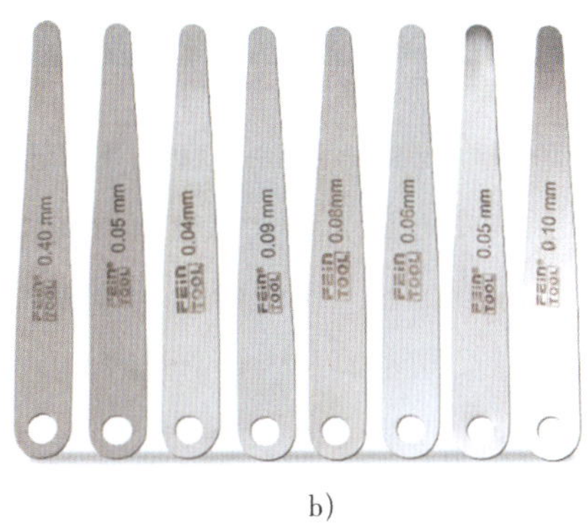

b)

图 4–17　塞尺

a）成组塞尺　b）单片塞尺

图 4–18 所示为用塞尺配合直角尺检测工件垂直度的情况。

塞尺可单片使用，也可多片叠起来使用，在满足所需尺寸的前提下，片数应越少越好。塞尺容易弯曲和折断，测量时不能用力太大，塞入间隙以稍感拖滞为宜，也不能用于测量温度较高的工件，用完后要擦拭干净，及时合到夹板中。

图 4–18　用塞尺配合直角尺检测工件垂直度

4. 量块

量块是具有一对相互平行测量面，且两平面间具有准确尺寸，其横截面为矩形的实物量具。量块是机械制造业中长度尺寸的标准，它可以用于测量器具和测量仪器的检验校验、精密划线和精密机床的调整，附件与量块并用时，还可以测量某些精度要求较高的工件尺寸。

（1）量块的结构

如图 4–19a 所示，量块有两个工作面和四个非工作面，工作面是一对相互平行而且平面度误差及表面粗糙度 *Ra* 值极小的平面（即测量面），并具有较好的研合性，其准确度等级分为 K 级、0 级、1 级、2 级和 3 级共五个级别（K 级最高，3 级最低）。量块按材质分为钢制量块、硬质合金量块和陶瓷量块等。

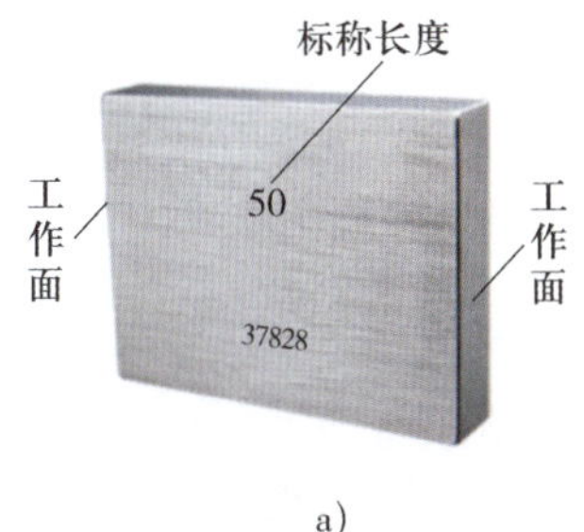

a)

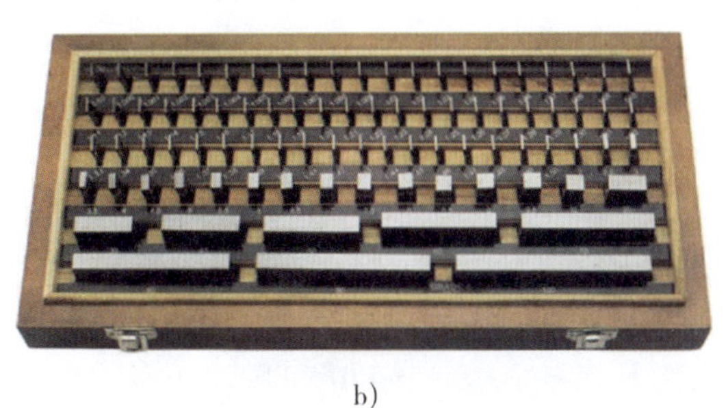

b)

图 4–19　量块

a）量块结构　b）成套量块

(2) 量块测量面的尺寸与有关规定

1) 量块两测量面之间的距离为工作尺寸 L，又称标称长度。

2) 标称长度 $L \geqslant 0.5 \sim 10$ mm 时，量块测量面尺寸为 30 mm × 9 mm。

3) 标称长度 $L > 10 \sim 1\,000$ mm 时，量块测量面尺寸为 35 mm × 9 mm。

4) 标称长度 $L < 6$ mm 时，刻印标称尺寸的为上测量面，相对另一面为下测量面。

5) 标称长度 $L \geqslant 6$ mm 时，正视刻字面的右侧为上测量面，相对另一面为下测量面。

(3) 量块的“级”和“等”

量块按“级”使用，是按量块上刻印的标称尺寸使用，其误差是制造加工误差；量块按“等”使用，是按量块经过检定的实际尺寸使用，可获得更高的尺寸使用精度，但长度变动量并不会减小，所以稍低“级”的量块不能检定成过高的“等”，具体对应关系见表 4–4。量块的“级”和“等”的具体要求详见 JJG 146—2011。

表 4–4 量块“级”和“等”的对应关系

首次拟检定的等别	1	2	3	4	5
量块最低应具备的初始级别	K	0	1	2	3

注：1. 在量块的“级”中，K 级最高，其余依次降低，3 级最低，此外 K 级为校准级。
2. 在量块的“等”中，1 等最高，其余依次降等，5 等最低。

(4) 量块的应用

量块一般成套使用，装在特制的木盒中，如图 4–19b 所示。常用成套量块的标称尺寸和块数见表 4–5。

表 4–5 常用成套量块的标称尺寸和块数

套别	总块数	尺寸系列 /mm	间隔 /mm	块数
1	91	0.5 1 1.001、1.002、……、1.009 1.01、1.02、……、1.49 1.5、1.6、……、1.9 2.0、2.5、……、9.5 10、20、……、100	— — 0.001 0.01 0.1 0.5 10	1 1 9 49 5 16 10
2	83	0.5 1 1.005 1.01、1.02、……、1.49 1.5、1.6、……、1.9 2.0、2.5、……、9.5 10、20、……、100	— — — 0.01 0.1 0.5 10	1 1 1 49 5 16 10
3	46	1 1.001、1.002、……、1.009 1.01、1.02、……、1.09 1.1、1.2、……、1.9 2、3、……、9 10、20、……、100	— 0.001 0.01 0.1 1 10	1 9 9 9 8 10

续表

套别	总块数	尺寸系列 /mm	间隔 /mm	块数
4	38	1 1.005 1.01、1.02、……、1.09 1.1、1.2、……、1.9 2、3、……、9 10、20、……、100	— — 0.01 0.1 1 10	1 1 9 9 8 10

把不同标称尺寸的量块进行组合可得到所需要的尺寸。为了工作方便，减少累积误差，选用量块时，应尽可能选用最少的块数，一般情况下不超过 5 块。计算时，应根据所需组合的尺寸，从最后一位数字开始选择，每选一块，应使尺寸数字的位数减少一位，以此类推，直至组合成完整的尺寸。例如，所要尺寸为 38.935 mm，从 83 块一套的盒中选取：

38. 935	组合尺寸
−1. 005	第一块量块尺寸
37. 93	
−1. 43	第二块量块尺寸
36. 5	
−6. 5	第三块量块尺寸
30	第四块量块尺寸

即选用 1.005 mm、1.43 mm、6.5 mm、30 mm 量块共四块。

（5）使用量块时的注意事项

1）量块属精密量具，应轻拿轻放，在桌上放置量块时只允许非工作表面与桌面接触。

2）测量时应注意灰尘和温度对测量精度的影响。

3）用完后的量块，应及时擦净，涂上凡士林后，放入盒中。

4）为了保持量块的精度，一般不允许用量块直接测量工件。

5. 半径样板

半径样板是指带有一组准确内、外圆弧半径尺寸的薄板，用于检验圆弧半径的实物量具，又称 R 规。半径样板一般采用 45 钢或同等性能的冷轧带钢材料制造，其硬度应在 170 ~ 230HV 范围内。

半径样板的形式如图 4–20 所示。成组半径样板由凸形样板、凹形样板、保护板和锁紧螺钉（或铆钉）等组成，如图 4–21 所示。

用半径样板检测圆弧时，先选择与被测圆弧半径名义尺寸相同的样板，将其紧靠被测圆弧，要求样板平面与被测圆弧垂直（样板平面的延长线将通过被测圆弧的圆心），用透光法查看样板与被测圆弧的接触情况，完全不透光为合格；如有透光现象，则说明被测圆弧的弧度不符合要求。若要测量出圆弧的未知半径，则选用近似值的样板与被测圆弧相靠，完全吻合时，所用样板的数值即为被测圆弧的半径。

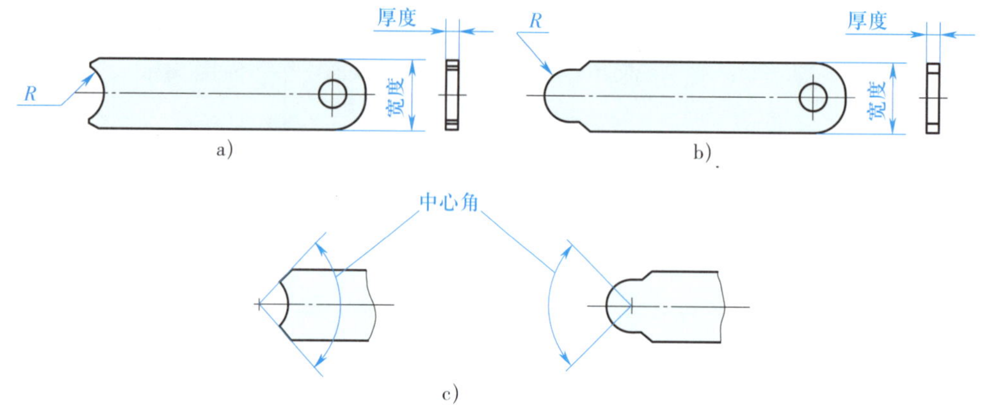

图 4-20　半径样板的形式

a）凹形样板　b）凸形样板　c）工作面的圆弧所对的中心角

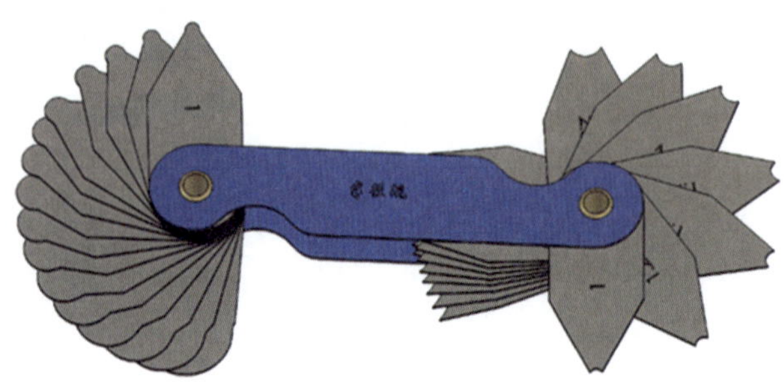

图 4-21　成组半径样板

四、百分表

利用机械传动系统，将测杆的直线位移转变为指针在度盘上的角位移，并由度盘进行读数的测量器具称为指示表。其中，分度值为 0.1 mm 的称为十分表，分度值为 0.01 mm 的称为百分表，分度值为 0.001 mm、0.002 mm 的称为千分表，钳工常用的是分度值为 0.01 mm 的百分表。

百分表主要用来测量工件的尺寸和几何误差，也可用于检验机床的几何精度或调整工件的装夹位置偏差等。

1. 百分表的结构

百分表的结构如图 4-22 所示，主要由测头、测杆、大小齿轮、指针、度盘、表圈等组成。

2. 百分表的标记原理与示值读取方法

百分表测杆上的齿距是 0.625 mm。当测杆上升 16 齿时（即上升 0.625 mm × 16=10 mm），16 齿的小齿轮正好转 1 周，与其同轴的大齿数（z =100）也转 1 周，从而带动齿数为 10 的小齿轮和转数指针转 10 周。即当测杆移动 1 mm 时，长指针转 1 周。由于度盘上共等分 100 格，长指针每转 1 格，表示测杆移动 0.01 mm。因此百分表的分度值为 0.01 mm。

测量时，测杆被推向轴套内，测杆移动的距离等于转数指针的读数（测出的整数部分）加上长指针的读数（测出的小数部分）。

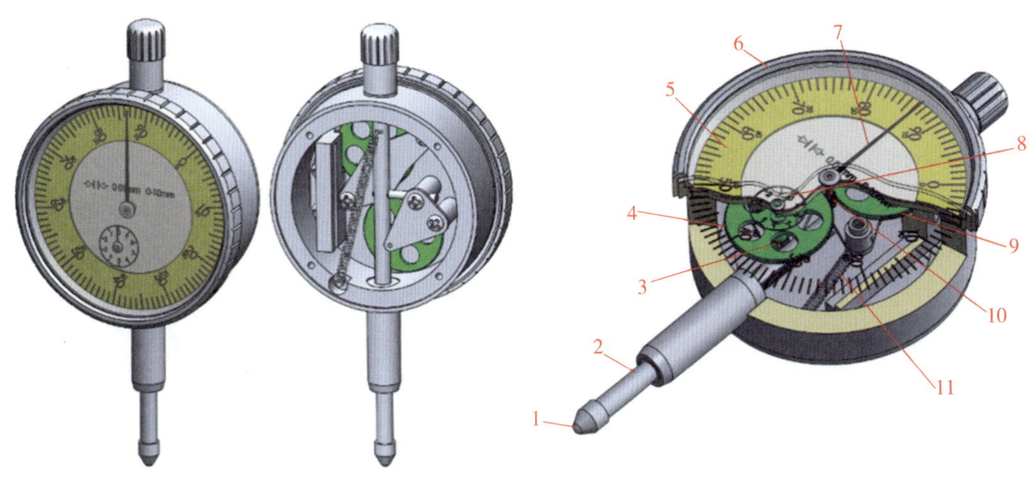

图 4-22　百分表的结构

1—测头　2—测杆　3—小齿轮（z=16）　4、9—大齿轮（z=100）
5—度盘　6—表圈　7—长指针　8—转数指针　10—小齿轮（z=10）　11—拉簧

3. 百分表的测量范围和精度

钳工常用百分表的测量范围一般有 0 ~ 3 mm、0 ~ 5 mm 和 0 ~ 10 mm 等几种规格，使用时测杆的移动不能超过其上限值，也不允许测量过于粗糙的工件，通常可用来进行 IT6 ~ IT12 精度工件的测量和检验。

4. 使用百分表的注意事项

（1）百分表使用时应安装在专用表架或磁性表架上。

（2）百分表装在表架上后，一般可转动度盘，使指针处于零位。

（3）测量平面或圆形工件时，百分表的测头应与平面垂直或与圆柱形工件轴线垂直，否则百分表测杆移动不灵活，测量结果不准确。

（4）测量时测杆的升降范围不宜过大，以减少由于存在间隙而产生的误差。

五、内径百分表

利用机械传动系统，将活动测头的直线位移转变为指针在度盘上的角位移，并由度盘进行读数的内尺寸测量器具称为内径指示表。其中，分度值为 0.01 mm 的称为内径百分表。它可用来测量孔径和孔的形状误差，对于测量深孔极为方便。

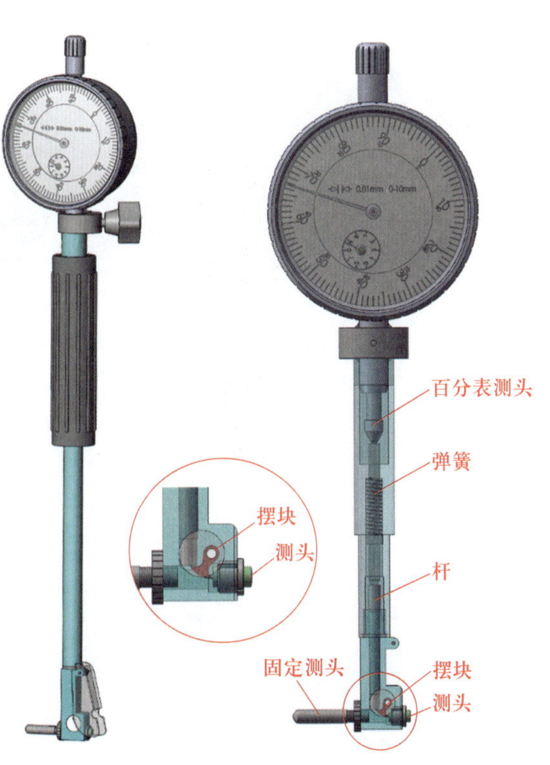

图 4-23　内径百分表的结构

内径百分表的结构如图 4-23 所示。测量时，测头通过摆块使杆上移，推动百分表指针转动而指出读数。测量完毕，在弹簧力的作用下，测头自动回位。

通过更换固定测头可改变百分表的测量范围。内径百分表的示值误差较大，一般为 ±0.015 mm。因此，在每次测量前都必须用外径千分尺进行校对。

六、杠杆百分表

利用机械传动系统，将杠杆测头的摆动位移转变为指针在度盘上的角位移，并由度盘上的标尺进行读数的测量器具称为杠杆指示表。其中，分度值为 0.01 mm 的称为杠杆百分表，量程有 0.8 mm 和 1.6 mm 两种规格。杠杆百分表常用于在机床上校正工件的安装位置或用在普通百分表无法使用的场合。杠杆百分表的结构如图 4–24 所示。杠杆百分表在使用时，应安装在相应的表架或专用的夹具上。

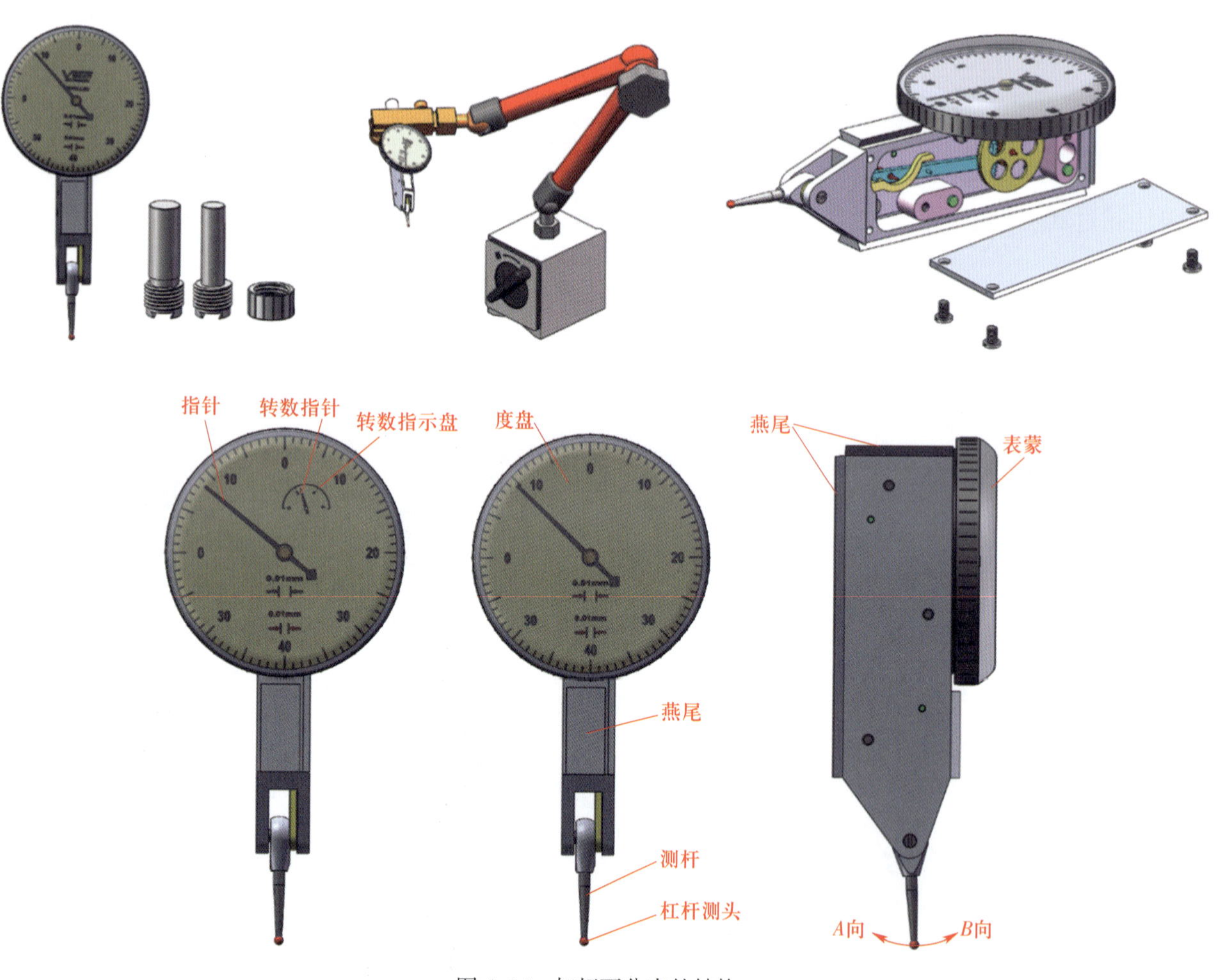

图 4–24 杠杆百分表的结构

第二节　角度测量器具

一、直角尺

测量面和基面相互垂直，用于检验直角、垂直度和平行度误差的测量器具称为直角尺。它具有结构简单、使用方便、制造精度高、稳定性好等特点。钳工常用的直角尺有刀口形直角尺、平面形直角尺和宽座直角尺等。

1. 刀口形直角尺

刀口形直角尺是指两测量面为刀口形的直角尺，如图 4–25 所示。其基本参数见表 4–6。

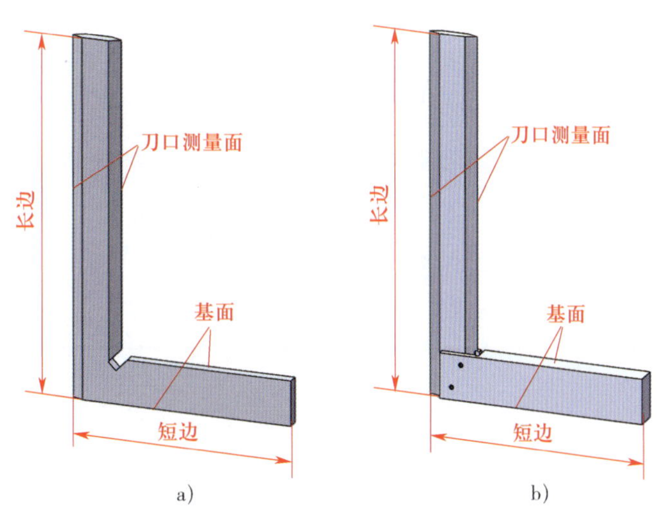

图 4–25　刀口形直角尺

a）平面刀口形直角尺　b）宽座刀口形直角尺

表 4–6　刀口形直角尺基本参数（摘自 GB/T 6092—2021）　mm

平面刀口形直角尺	精度等级	0 级、1 级						
	长边	50	63	80	100	125	160	200
	短边	32	40	50	63	80	100	125
宽座刀口形直角尺	精度等级	0 级、1 级						
	长边	50	75	100	150	200	250	300
	短边	40	50	70	100	130	165	200

2. 平面形直角尺

平面形直角尺是指测量面与基面宽度相等的直角尺，如图 4–26 所示。其基本参数见表 4–7。

3. 宽座直角尺

宽座直角尺是指基面宽度大于测量面宽度的直角尺，如图 4–27 所示。其基本参数见表 4–7。

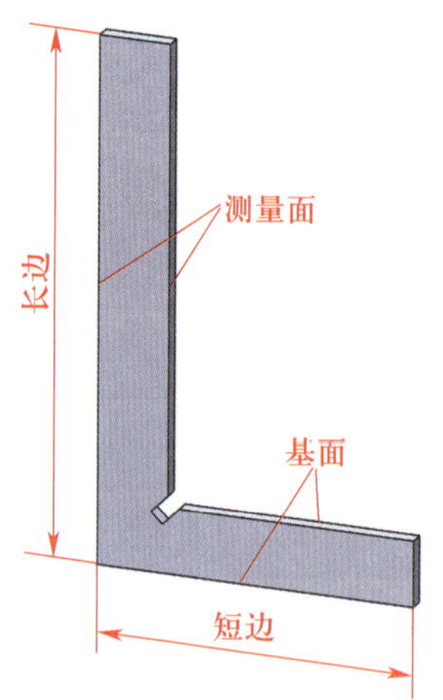

图 4–26　平面形直角尺

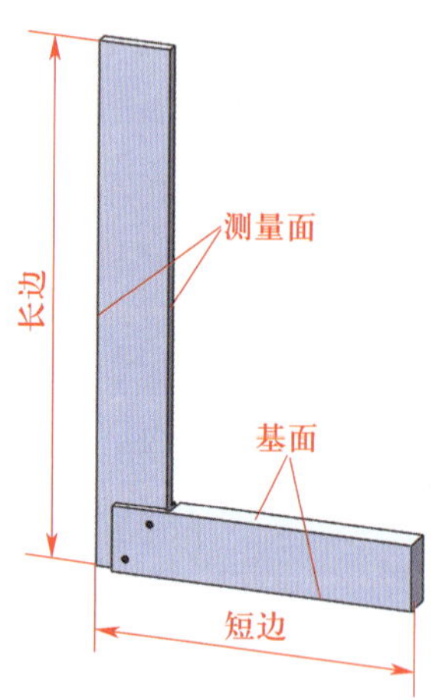

图 4–27　宽座直角尺

表 4–7　平面形直角尺和宽座直角尺基本参数（摘自 GB/T 6092—2021）　mm

平面形直角尺	精度等级	0 级、1 级、2 级						
	长边	50	75	100	150	200	250	300
	短边	40	50	70	100	130	165	200
宽座直角尺	精度等级	0 级、1 级、2 级						
	长边	63	80	100	125	160	200	250
	短边	40	50	63	80	100	125	160

4. 直角尺使用方法及注意事项

（1）使用前，必须将直角尺和工件被测面擦干净。

（2）使用时，先将直角尺的基面紧贴工件的测量基准面，然后逐步慢慢向下移动（直角尺基面不可与工件基准面分离），使直角尺的测量面与工件的被测表面接触，平视观察透光情况，凭经验根据光隙强弱进行估测，或用塞尺在最大间隙处试塞获取数值，如图 4–28 所示。

（3）使用直角尺要轻拿、轻放，不许与其他工、量具堆放。

（4）使用完毕，应将直角尺擦净放置在专用盒内。若长时间不用，应涂上专用防锈油保存，以防生锈。

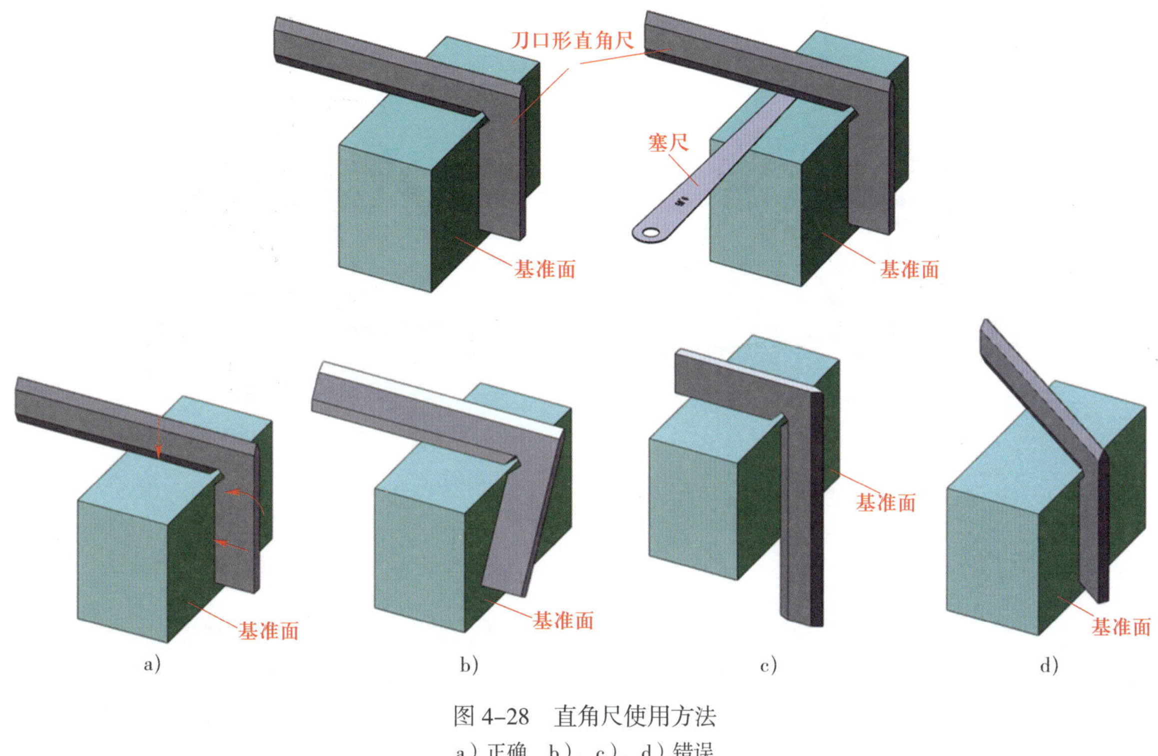

图 4–28　直角尺使用方法
a）正确　b）、c）、d）错误

二、游标万能角度尺

1. 游标万能角度尺的结构

游标万能角度尺是利用活动直尺测量面相对于基尺测量面的旋转，对该两测量面间分隔的角度利用游标原理进行读数的角度测量器具。游标万能角度尺用来测量工件和样板的内、外角度与进行角度划线。常用的游标万能角度尺有Ⅰ型、Ⅱ型两种，其测量范围分别为 0°～320° 和 0°～360°。其中，0°～320° 游标万能角度尺应用较为普遍。Ⅰ型游标万能角度尺的结构如图 4–29 所示。0°～320° 游标万能角度尺的游标尺固定在扇形板上，基尺和主尺连成一体，游标尺与主尺可做相对回转运动，直角尺和直尺可根据需要通过卡块安装到扇形板上。

2. 游标万能角度尺的主要参数

游标万能角度尺的主要参数见表 4–8。从表 4–8 中可以看到，Ⅰ型游标万能角度尺的测量范围为 0°～320°。由于直角尺和直尺可以移动或拆换，通过直角尺、直尺、游标尺和基尺构成四种不同组合，图 4–30 中的 a、b、c、d 分别是测量范围 0°～50°、50°～140°、140°～230°、230°～320° 的四种尺件组合极限与相应尺件组合对工件角度进行测量的应用实例示意图。Ⅰ型游标万能角度尺能测量 0°～320° 范围内的任何角度，且测量极限误差不超过 ±2′。

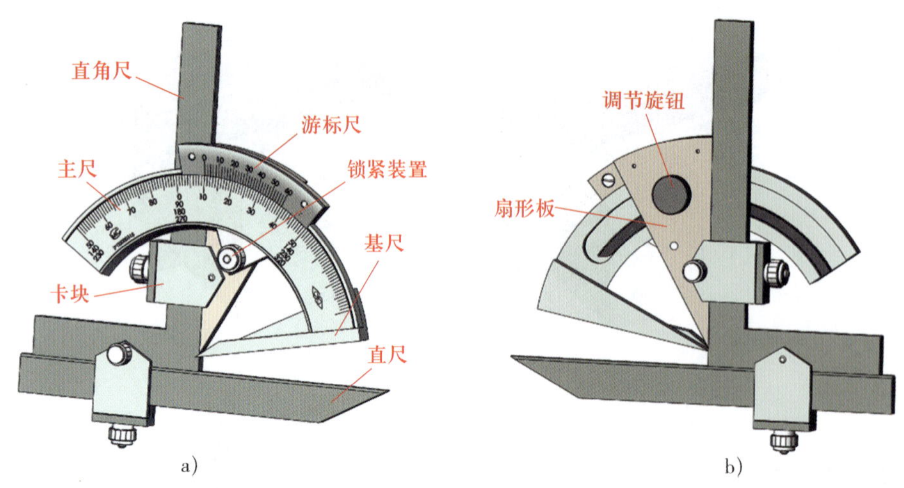

图 4–29　I 型游标万能角度尺的结构
a）正面　b）背面

表 4–8　游标万能角度尺的主要参数

<table>
<tr><th>类型</th><th>分度值</th><th colspan="2">测量范围</th></tr>
<tr><td rowspan="4">I 型</td><td rowspan="4">2′、5′</td><td rowspan="4">0° ~ 320°</td><td>0° ~ 50°</td></tr>
<tr><td>50° ~ 140°</td></tr>
<tr><td>140° ~ 230°</td></tr>
<tr><td>230° ~ 320°</td></tr>
<tr><td>II 型</td><td>5′</td><td colspan="2">0° ~ 360°</td></tr>
<tr><td rowspan="2">III 型</td><td rowspan="2">2′</td><td rowspan="2">0° ~ 180°</td><td>0° ~ 90°</td></tr>
<tr><td>90° ~ 180°</td></tr>
</table>

3. 游标万能角度尺的标记原理

游标万能角度尺的分度值有 5′ 和 2′ 两种。

分度值为 2′ 的万能角度尺的标记原理是：主尺每格标记的弧长对应的角度为 1°，游标尺标记是将主尺上 29° 所占的弧长等分为 30 格，每格所对的角度为 29°/30，因此游标尺 1 格与主尺 1 格相差：

$$1^\circ - \frac{29^\circ}{30} = \frac{1^\circ}{30} = 2'$$

即万能角度尺的分度值为 2′，如图 4–31 所示。

4. 游标万能角度尺的示值读取方法

游标万能角度尺的示值读取方法与游标卡尺相似，即先从主尺上读出游标尺“0”标记前的整“度”数，然后在游标尺上读出分的数值（格数 ×2′），两者相加就是被测工件的角度数值，如图 4–32 所示。

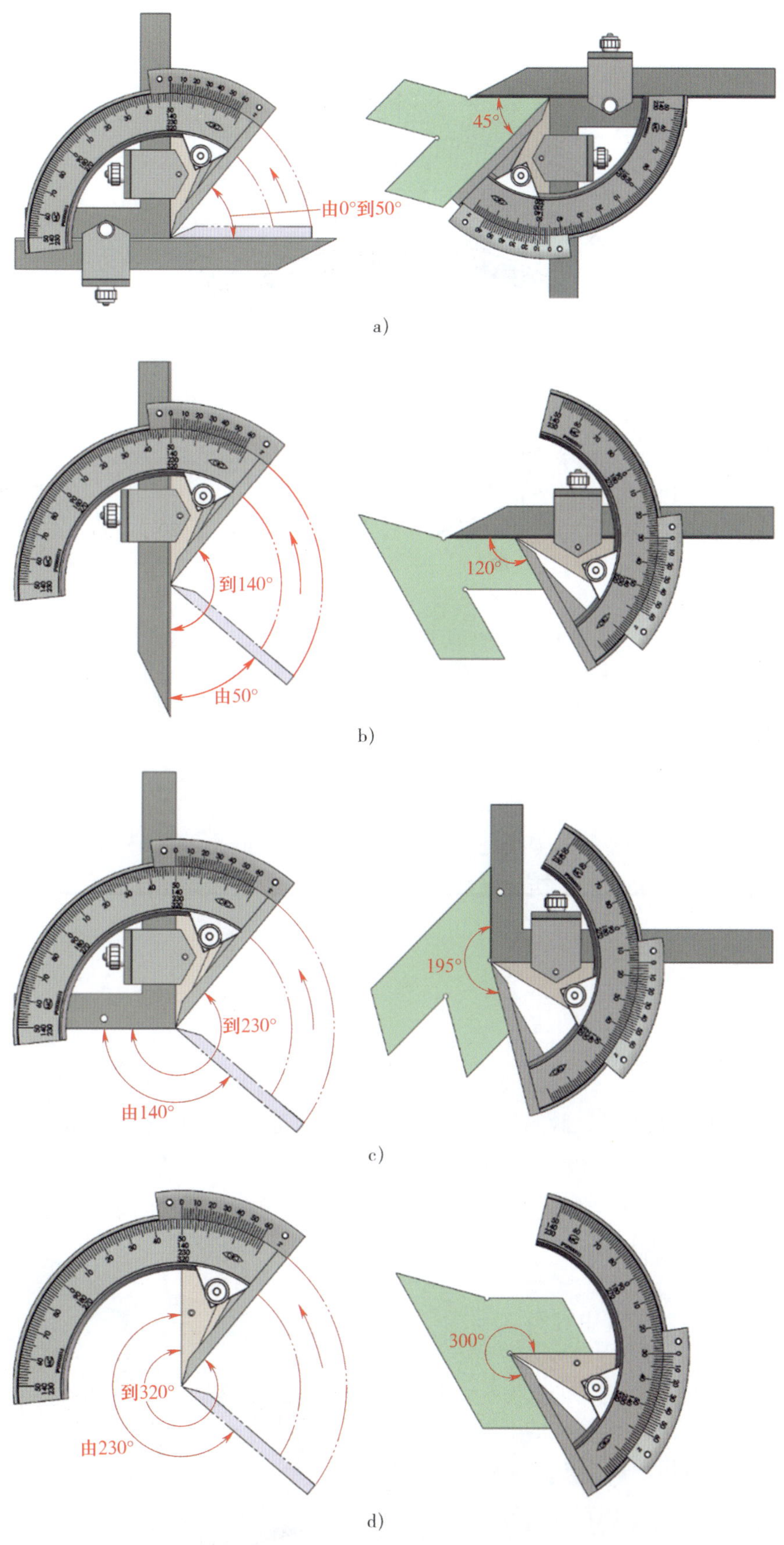

图 4-30　游标万能角度尺组合形式和测量方法

a）测量范围 0° ~ 50°　b）测量范围 50° ~ 140°

c）测量范围 140° ~ 230°　d）测量范围 230° ~ 320°

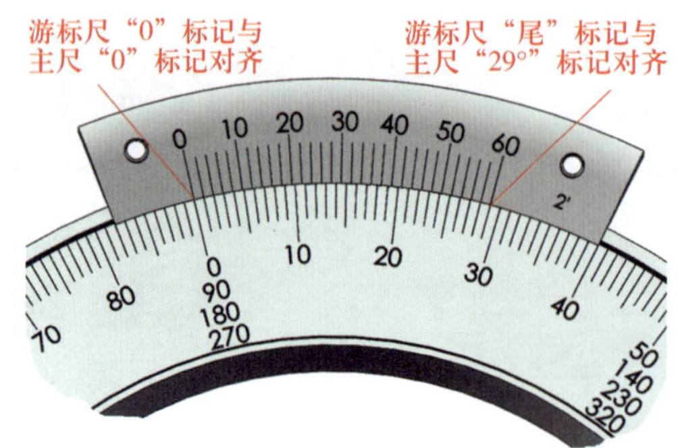

图 4-31　0° ~ 320° 游标万能角度尺的标记原理

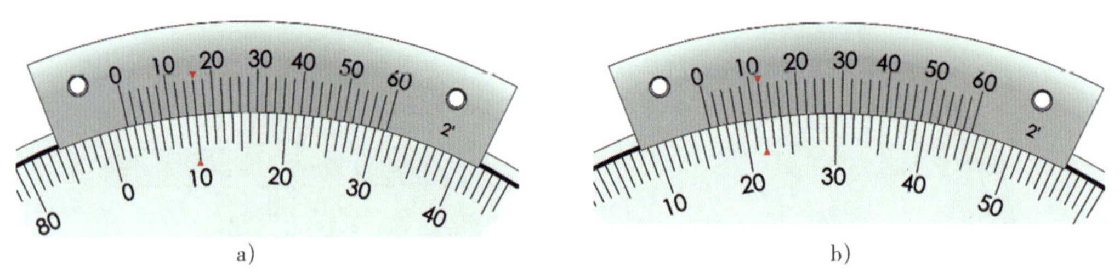

a)　　b)

图 4-32　游标万能角度尺的示值读取方法

a) 2° + 8 × 2′ = 2° 16′　b) 16° + 6 × 2′ = 16° 12′

5. 使用游标万能角度尺的注意事项

(1) 根据测量工件的不同角度，正确选用直尺和直角尺。

(2) 使用前要检查尺身和游标的零线是否对齐，基尺和直尺间是否漏光。

(3) 测量时，工件应与角度尺的两个测量面在全长上接触良好，避免误差。

三、正弦规

1. 正弦规的用途与结构型式

正弦规是根据正弦函数原理，利用量块的组合尺寸，以间接方法测量角度的测量器具。钳工常用的普通正弦规由平台工作面和直径相同且轴线互相平行的两个支承圆柱所组成，结构如图 4-33 所示。

正弦规有Ⅰ型、Ⅱ型两种，准确度等级分为 0 级和 1 级。图 4-34a 所示为Ⅰ型正弦规，图 4-34b 所示为Ⅱ型正弦规。正弦规的基本尺寸见表 4-9。

2. 正弦规的检测原理和应用实例

使用时，将正弦规放置在精密平板上，工件放在正弦规工作面上，在正弦规一个圆柱的下面垫上一组量块，如图 4-35 所示。量块组的高度根据被测工件的角度或锥度通过计算获得。然后用百分表检查工件上表面两端的高度，若两端高度相等，说明角度正确；若高度不等，说明工件的角度有误差。

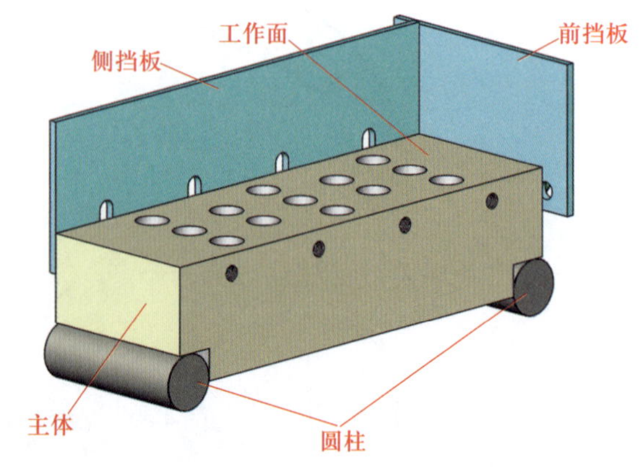

图 4-33　正弦规

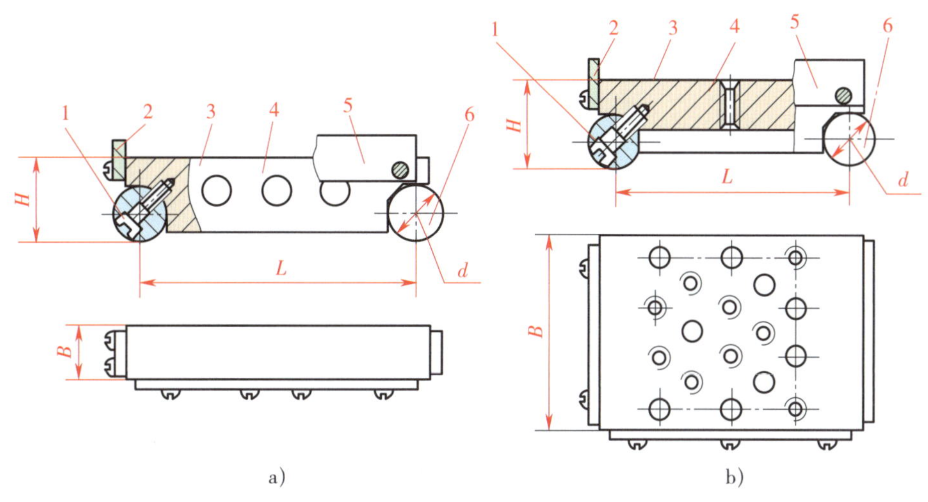

图 4-34　正弦规
a）Ⅰ型正弦规　b）Ⅱ型正弦规
1—螺钉　2—前挡板　3—工作面　4—主体　5—侧挡板　6—圆柱

表 4-9　正弦规的基本尺寸　mm

型式	精度等级	基本尺寸			
		L	*B*	*d*	*H*
Ⅰ型	0 级 1 级	100	25	20	30
		200	40	30	55
Ⅱ型	0 级 1 级	100	80	20	40
		200	80	30	55

注：*L* 为正弦规两圆柱的中心距，*B* 为正弦规主体工作平面的宽度，*d* 为两圆柱的直径，*H* 为工作平面的高度。

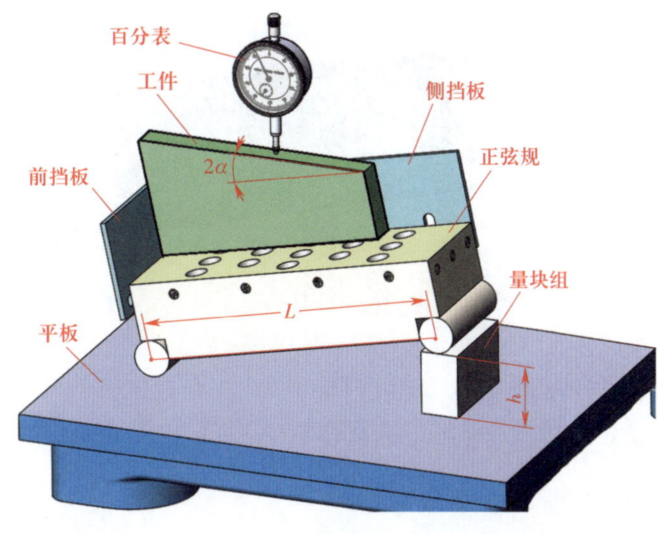

图 4-35　正弦规的使用方法

所需量块组的高度可按下式计算：

$$h = L\sin 2\alpha$$

式中 h——量块组高度，mm；

L——正弦规两圆柱的中心距，mm；

2α——被测工件角度。

3. 正弦规的维护保养

（1）正弦规为精密量具，所以使用前一定要清洗干净。

（2）被测工件表面不允许带有毛刺及污物，也不应带有磁性。

（3）不能用正弦规测量表面粗糙度 Ra 值大于 1.6 μm 的工件。

（4）不能将正弦规放在平板上来回拖动，以免磨损圆柱。

（5）正弦规使用完毕，应清洗擦净，涂上防锈油存放在专用盒内。

第三节　几何误差测量器具

钳工常用的几何误差测量器具有刀口尺、平板、方箱等。

一、刀口尺

具有一个刀口状测量面，用于测量工件平面形状误差的测量器具称为刀口尺，如图 4-36 所示。刀口尺主要用来测量工件的直线度或平面度误差，具有结构简单、操作方便、测量效率高等优点，是机械加工常用的测量器具。

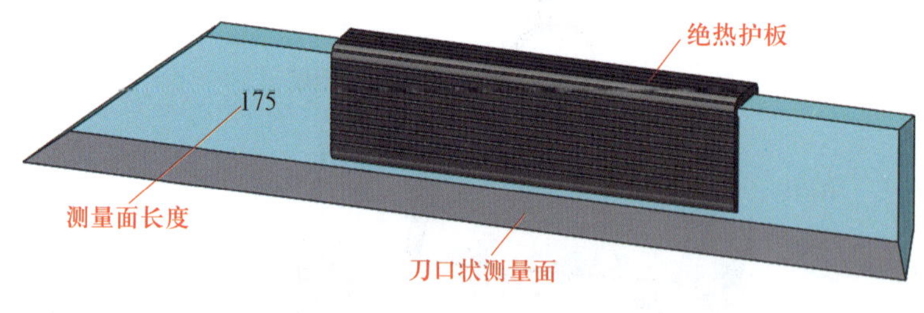

图 4-36　刀口尺

1. 硬度和表面粗糙度

刀口尺测量面的硬度：合金工具钢、轴承钢不应低于 688HV（或 59HRC），不锈钢不应低于 561HV（或 53HRC）。

刀口尺测量面上的表面粗糙度 Ra 值不应大于 0.05 μm。

2. 直线度公差

刀口尺测量面的直线度公差不应大于表 4–10 的规定。

表 4–10　　刀口尺测量面的直线度公差（摘自 GB/T 6091—2022）

测量面长度 /mm	测量面直线度最大允许误差 /μm
75	1.0
100	1.0
125	1.0
150	1.0
175	1.0
200	2.0
225	2.0
300	3.0
400	3.0
500	4.0

注：直线度公差值为温度在 20 ℃时的规定值。

3. 用刀口尺测量平面度的方法

手握刀口尺的绝热护板，使刀口测量面轻轻地（凭刀口尺的自重）与工件被测表面垂直接触，采用透光法检查。如刀口尺测量面与被测线之间透光均匀一致，说明该处较平直；如透光不均匀或光隙较大时，可借助于塞尺试塞获取其间隙值。测量时应在纵向、横向、对角方向多处逐一进行测量，其最大直线度误差即为该测量面的平面度误差，如图 4–37 所示。

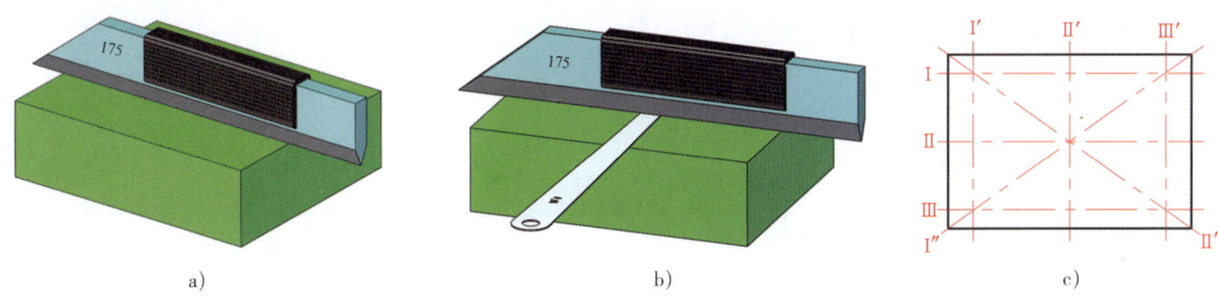

图 4–37　用刀口尺测量平面度的方法

a）用透光法检查　b）用塞尺配合检查　c）检测不同位置

4. 使用刀口尺的注意事项

（1）测量前，应确保刀口尺测量面及被测平面整洁，且没有毛刺、碰伤、锈蚀等缺陷。

（2）使用刀口尺时，手应握持绝热护板，以避免温度影响测量结果以及使刀口尺产生锈蚀。

（3）使用刀口尺时不得碰撞，以确保其工作棱边的完整性，否则将影响测量的准确度。

（4）在变换测量位置时，应将刀口尺提起，不得在工件表面上拖动，以免刀口测量面磨损，影响刀口尺精度。

（5）使用完毕，应将刀口尺擦净后放置在专用盒内。若长时间不用，应涂上专用防锈油并用防锈纸包好以防生锈。

二、平板

平板是用于工件检测或划线的平面基准器具，又称为平台，如图 4–38 所示。

a） b）

图 4–38 平板

a）铸铁平板 b）岩石平板

钳工常用的平板有铸铁平板和岩石平板。铸铁平板采用优质细密的灰铸铁或合金铸铁等材料制造，其工作面硬度为 170 ~ 220HB。岩石平板是用天然的石质材料制成的精密基准测量工具，形态稳定、无磁性反应、无塑性变形，其硬度为铸铁的 2 ~ 3 倍。

平板工作面可作为各种检验工作、精度测量用的基准平面，用于机床机械检验测量基准，检查零件的尺寸精度或形位偏差，并可用于精密划线，也可用涂色法检验零件平面度，具有准确、直观、方便的优点。在经过刮研的铸铁平板上推动百分表座、工件比较顺畅，无发涩感觉，方便测量，保证了测量准确度。

1. 平板的规格及精度等级

常用平板规格及平面度公差见表 4–11。

表 4–11 常用平板规格及平面度公差（摘自 GB/T 22095—2008）

平板尺寸（公称尺寸）	对角线长度（近似值）	边缘区域（宽度）	准确度等级对应的整个工作面平面度公差值 / μm			
mm			0 级	1 级	2 级	3 级
长方形：						
160 × 100	188	2	3	6	12	25
250 × 160	296	3	3.5	7	14	27
400 × 250	471	5	4	8	16	32

续表

平板尺寸（公称尺寸）	对角线长度（近似值）	边缘区域（宽度）	准确度等级对应的整个工作面平面度公差值 / μm			
mm			0 级	1 级	2 级	3 级
630 × 400	745	8	5	10	20	39
1 000 × 630	1 180	13	6	12	24	49
1 600 × 1 000	1 880	20	8	16	33	66
方形：						
250 × 250	354	5	3.5	7	15	30
400 × 400	566	8	4.5	9	17	34
630 × 630	891	13	5	10	21	42
1 000 × 1 000	1 414	20	7	14	28	56

准确度等级为 0 级和 1 级的平板工作面应采用刮研法进行精加工，准确度等级为 2 级和 3 级的平板工作面允许采用机械加工方法进行精加工。

2. 铸铁平板的使用注意事项

（1）铸铁平板的支承点应垫好、垫平，保证每个支承点受力均匀，以使整个平板平稳放置。

（2）使用平板时，工件要轻拿轻放，不要在平板上挪动比较粗糙的工件，以免对平板工作面造成磕碰、划伤等损伤。

（3）为了防止铸铁平板整体变形，使用完毕，要将工件从平板上拿下来，避免工件长时间对平板重压造成铸铁平板的变形。

（4）铸铁平板不用时要及时将工作面洗净，然后涂上一层防锈油，并用防锈纸盖上，用平板的外包装将铸铁平板盖好，以防止平时不注意造成对平板工作面的损伤。

（5）铸铁平板应安装在通风、干燥的环境中，并远离热源、有腐蚀的气体、液体。

（6）铸铁平板按国家标准实行定期检定，检定周期根据具体情况可为 6 ~ 12 个月。

三、方箱

方箱是由相互垂直的平面组成的矩形基准器具，又称为方铁。钳工常用的方箱是用优质灰铸铁（HT200）制成的具有 6 个工作面的空腔正方体，尺寸规格用边长表示，其中一个工作面上有 V 形槽，结合配件可以对轴类零件进行支承和装夹，其结构如图 4–39 所示。

图 4–39　方箱

方箱主要用于零部件的平行度、垂直度等的检验和划线时支承工件，准确度等级分为 0 级和 1 级。常用方箱规格及工作面的几何公差要求见表 4-12。

表 4-12　常用方箱规格及工作面的几何公差要求（摘自 JB/T 12196—2015）

尺寸规格 /mm	工作面的平面度公差 /μm		工作面的垂直度、平行度及 V 形槽对底面和侧面的平行度公差 /μm	
	准确度等级			
	0 级	1 级	0 级	1 级
100	1.5	3	3	6
150	2	4	4	8
200	2.5	4.5	5	9
250	2.5	5	5	10
315	3	5.5	6	11
400	3	6.5	6	13
500	3.5	7	7	14

平板与方箱配合使用，可以检测工件的平面度和垂直度。准确度等级较高的方箱既可以作为小型的平板使用，也可以作为直角测量的基准，还可以作为等高垫箱使用。

第四节　表面结构质量测量器具

常用的表面结构质量测量器具是表面粗糙度比较样块。表面粗糙度比较样块是采用特定合金材料和加工方法，具有不同的表面粗糙度参数值，通过触觉和视觉与其所表征的材质和加工方法相同的被测件表面做比较，以确定被测件表面粗糙度的实物量具。机械加工如磨、车、镗、铣、插、刨加工的表面粗糙度比较样块和抛光加工的表面粗糙度比较样块的国家标准是 GB/T 6060.2—2006 和 GB/T 6060.3—2008。

一、表面粗糙度比较样块的结构形式

表面粗糙度比较样块的结构形式如图 4-40 所示，样块可用不同的加工方法制造，如磨、车、镗、铣、插、刨及抛光等，以适应不同方法加工的工件表面粗糙度的检验。

进行大批量生产时，也可先加工一个合格的零件，并精确测定其表面粗糙度参数值，以它作为比较样块来检验其他加工件。

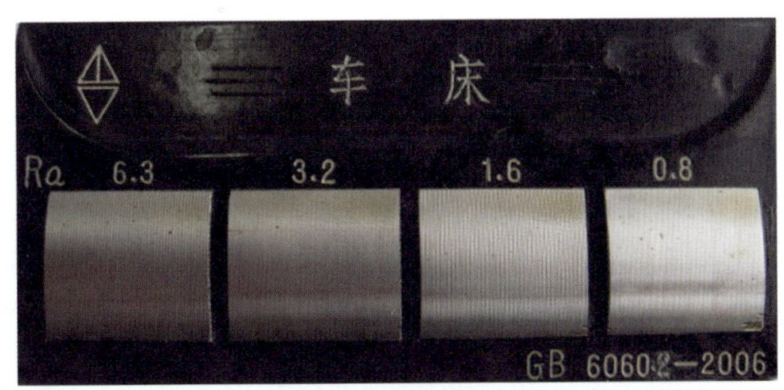

图 4–40　表面粗糙度比较样块（车床加工）

二、表面粗糙度比较样块的使用和维护

1. 用表面粗糙度比较样块按视觉法检验工件表面粗糙度时，将样块与被测工件放在一起，在相同的照明条件下，目视直接评定 *Ra* 值的评定范围为 2 ~ 60 μm；用 5 ~ 10 倍放大镜目测评定 *Ra* 值为 0.4 ~ 1.6 μm；用比较显微镜目测评定 *Ra* 值为 0.1 ~ 0.4 μm。小于 0.1 μm 的工件表面，不宜采用表面粗糙度比较样块进行检验。

2. 用表面粗糙度比较样块按触觉法检验工件表面粗糙度，是用手指或手指甲沿与加工痕迹的垂直方向缓慢划过工件表面，可评定 *Ra* 值为 1 ~ 10 μm。

3. 用表面粗糙度比较样块评定工件表面粗糙度主要是根据工件表面加工痕迹的深度，而不是加工痕迹的条幅间距。

4. 对上述比较法检验结果有争议时，应用仪器测量仲裁。

5. 样块使用完毕，应清洗擦净，涂油防锈。

第五节　量具的维护与保养

一、使用量具的注意事项

1. 定期检验量具，保证其处于良好状态。不使用不合格的量具。

2. 量具使用时要先校对零位。

3. 测量前应擦净量具的测量面，使用精密量具时不要用力过猛；有测力机构的量具，测量时必须使用这种机构。

4. 被测工件运动没有停止时不许用量具进行测量，以免损伤量具的测量面，这样测量结果也是不准确的。

5. 为减小测量误差，测量时最好在同一位置多测几次，取它们的平均值。

6. 温度对测量的影响很大，当测量工具的温度与被测工件的温度相差较大时，测量结果不准确，所以尽量保持测量工具与被测工件的温度相同。

7. 有绝热装置的量具，在测量时应拿住绝热装置部分，同时不要把量具长时间拿在手里。

8. 经改装的量具必须经计量部门检定合格后才能使用。

二、维护保养量具的注意事项

1. 不要用磨石、砂布等硬物擦拭量具的测量面和刻线部分。非计量检修人员严禁拆卸、修理量具。

2. 量具的存放地点要求清洁、干燥，无振动，无腐蚀性气体。不要把量具放在磁场附近，以免磁化后测量面沾上金属粉末，造成测量误差或磨坏测量面。

3. 不要用手摸量具的测量面，以免汗渍、潮湿脏物污染测量面，使它生锈。

4. 不要把量具与其他工具、刀具混放在一起，以免碰伤。

5. 量具使用完毕，要擦拭干净，松开紧固装置，使各部件处于自然放松状态，在测量面上涂防锈油，放入专用盒内，不要使两个测量面接触。

第五章 钳工基本操作

第一节 划 线

一、划线的概念、分类和作用

1. 划线的概念

划线是指在毛坯或工件上，用划线工具划出待加工部位的轮廓线或作为基准的点和线，这些点和线标明了工件某部分的形状、尺寸或特性，并确定了加工的尺寸界线，如图 5–1 所示。

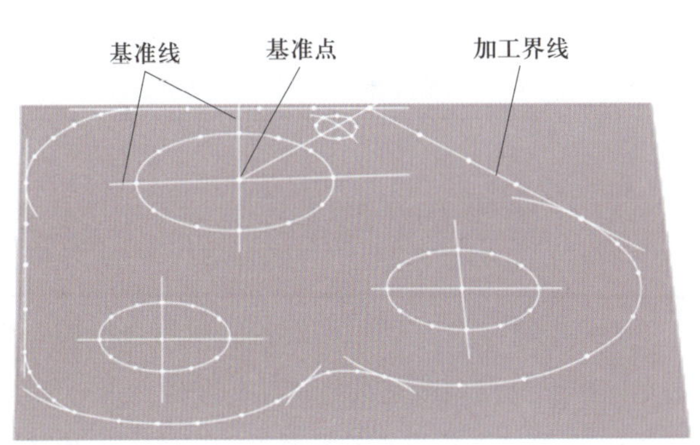

图 5–1 划线

2. 划线的分类

划线分平面划线和立体划线两种。只需要在工件的一个表面上划线即能明确表示加工界线的，称为平面划线，如图 5–2 所示。需要在工件的几个互成不同角度（通常是互相垂直的）的表面上划线，才能明确表示加工界线的，称为立体划线，如图 5–3 所示。

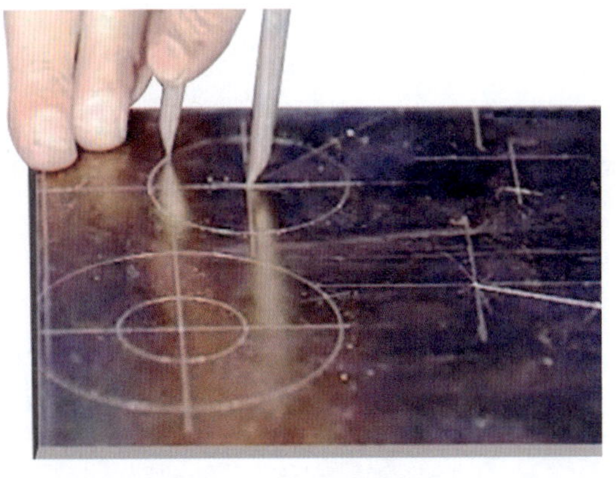
图 5–2 平面划线

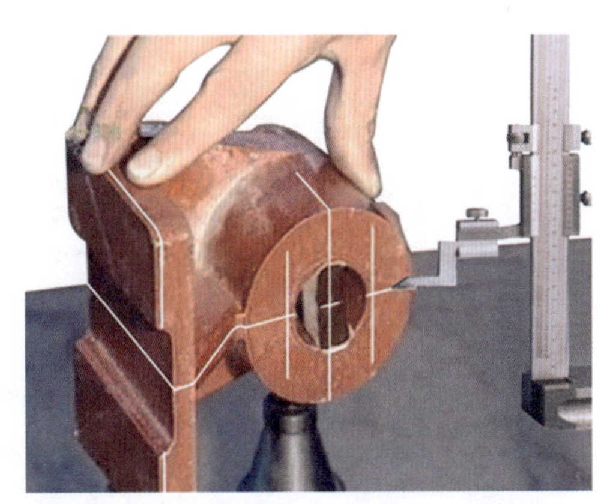
图 5–3 立体划线

3. 划线的作用

（1）能确定工件的加工余量，使加工有明确的加工界线。

（2）便于在机床上装夹复杂的工件，可按划线找正定位。

（3）能及时发现和处理不合格的毛坯，避免加工后造成损失。

（4）采用借料划线可使误差不大的毛坯得到补救，提高毛坯的利用率。

二、划线用涂料

为使工件表面上划出的线条清晰，一般在工件表面的划线部位涂上一层薄而均匀的涂料。常用划线涂料配方和应用见表 5–1。

表 5–1　常用划线涂料配方和应用

名称	配方	应用
石灰水	稀糊状熟石灰水加适量牛皮胶调和而成	用于表面粗糙的铸件、锻件毛坯
蓝油	2% ~ 4% 龙胆紫加 3% ~ 5% 虫胶漆和 91% ~ 95% 酒精混合而成	用于已加工表面或黄铜等有色金属

三、划线基准的选择

划线时在工件上所采用的基准称为划线基准。划线时应从划线基准开始。划线基准选择的基本原则是应尽可能使划线基准与设计基准相一致。划线基准一般有以下三种选择类型：

1. 以两个互相垂直的平面（或直线）为基准，如图 5–4a 所示。
2. 以两条互相垂直的中心线为基准，如图 5–4b 所示。
3. 以一个平面和一条中心线为基准，如图 5–4c 所示。

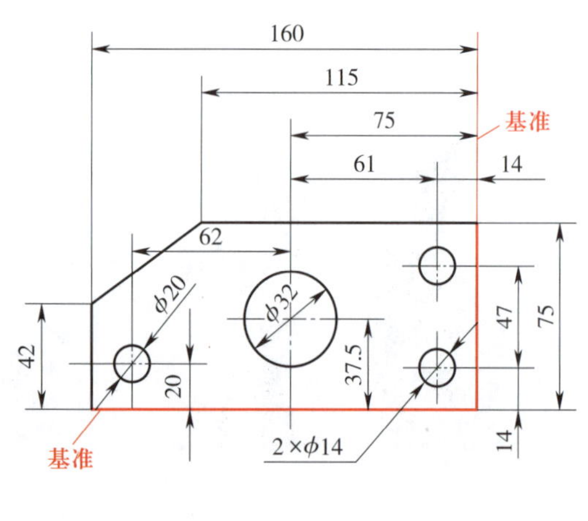

a)

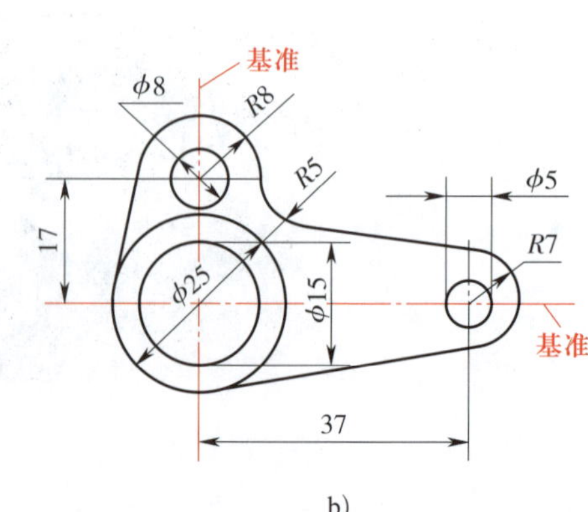

b)

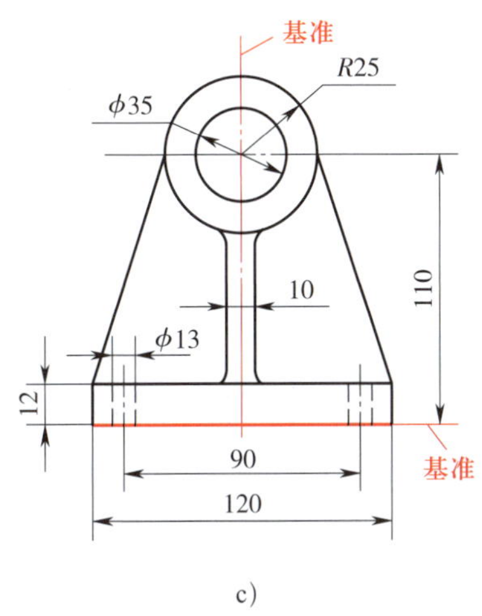

c）

图 5-4　划线基准的选择

a）以两个互相垂直的平面为基准　b）以两条互相垂直的中心线为基准

c）以一个平面和一条中心线为基准

划线时在工件的每一个方向都需要选择一个划线基准。因此，平面划线一般要选择两个划线基准；立体划线一般要选择三个划线基准。

四、划线前的准备工作

划线的质量将直接影响工件的加工质量，因此要做好划线前的准备工作。

1. 分析图样，了解工件的加工部位和要求，选择好划线基准。

2. 清理工件，对铸、锻件毛坯，应将型砂、毛刺、氧化皮去除掉，并用钢丝刷清理干净，对已生锈的半成品，要将浮锈刷掉。

3. 在工件的划线部位涂色，要求涂得薄而均匀。

4. 在工件孔中安装中心塞块。

5. 擦净划线平板，准备好划线工具。

五、划线时的找正和借料

各种铸、锻件由于某些原因，会形成形状歪斜、偏心、各部分壁厚不均匀等缺陷。当形位误差不大时，可通过划线找正和借料的方法来补救。

1. 找正

对于毛坯工件，划线前一般要先做好找正工作。找正就是利用划线工具使工件上有关的表面与基准面（如划线平板）之间处于合适的位置。找正时应注意：

（1）当工件上有不加工表面时，应按不加工表面找正后再划线，这样可使加工表面与不加工表面之间保持尺寸均匀。如图 5-5 所示的轴承架毛坯，内孔和外圆不同心，底面和 *A* 面不平行，划线前应进行找正。在划内孔加工线之前，应先以外圆（不加工）为找正依据，用单脚规找出其中心，然后以找出的中心为基准划出内孔的加工线，这样内孔和外圆就可以达到同心要求。在划轴承座底面加工线之前，应以 A 面（不加工）为依据，用划线盘找正 A 面的位置与划线平板基本平行，然后划出底面加工线，这样底座各处的厚度就比较均匀。

（2）当工件上有两个以上的不加工表面时，应选择重要的或较大的表面为找正依据，并兼顾其他不加工表面，这样可使划线后的加工表面与不加工表面之间尺寸比较均匀，而使误差集中到次要或不明显的部位。

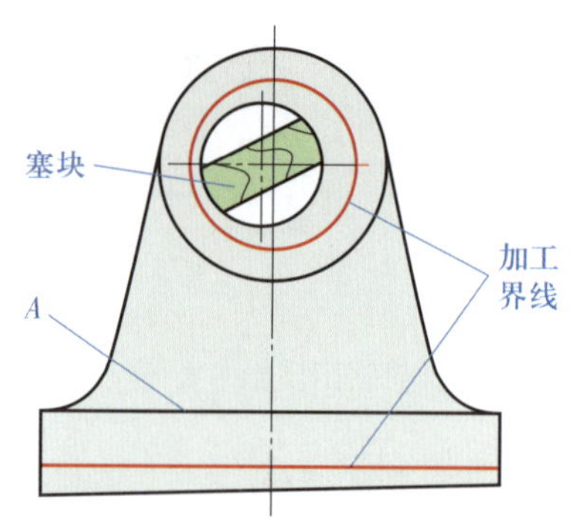

图 5–5 毛坯工件的找正

（3）当工件上没有不加工表面时，通过对各加工表面自身位置找正后再划线，可使各加工表面的加工余量得到合理分配，避免加工余量相差悬殊。

2. 借料

当工件上的误差或缺陷用找正后的划线方法不能补救时，可采用借料的方法来解决。

借料就是通过试划和调整，将各加工表面的加工余量合理分配，互相借用，从而保证各加工表面都有足够的加工余量，而误差或缺陷可在加工后排除。借料的一般步骤是：

（1）测量工件的误差情况，找出偏移部位和测出偏移量。

（2）确定借料方向和大小，合理分配各部位的加工余量，划出基准线。

（3）以基准线为依据，按图样要求，依次划出其余各线。

六、常用的划线方法

常用的划线方法见表 5–2。

表 5–2 常用的划线方法

划线要求	图样	划线方法
等分线段 AB 为五等分（或若干等分）	A B C a b c d a′ b′ c′ d′	1. 作线段 AC 与已知线段 AB 成 20° ~ 40° 角度 2. 由 A 点起在 AC 上任意截取五等分点 a、b、c、d 3. 连接 BC，过 d、c、b、a 分别作 BC 的平行线。各平行线在 AB 上的交点 d′、c′、b′、a′ 即为五等分点
作与 AB 距离为 R 的平行线	A B R R a b	1. 在已知线段 AB 上任意取两点 a、b 2. 分别以 a、b 为圆心，R 为半径，在同侧划圆弧 3. 作两圆弧的公切线，即为所求的平行线
过线外一点 P，作线段 AB 的平行线	P c A a b O B	1. 在线段 AB 的中段任取一点 O 2. 以 O 为圆心、OP 为半径作圆弧，交 AB 于 a、b 3. 以 b 为圆心、aP 为半径作圆弧，交圆弧 ab 于 c 4. 连接 Pc，即为所求平行线

续表

划线要求	图样	划线方法
过已知线段 AB 的端点 B 作垂线	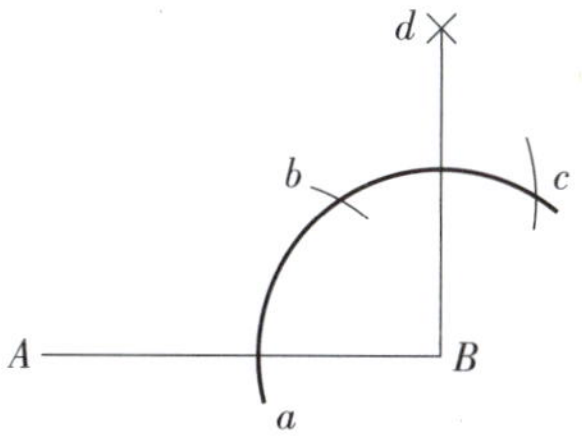	1. 以 B 为圆心、Ba 为半径作圆弧交线段 AB 于 a 2. 以 aB 为半径，在圆弧上截取 ab 和 bc 3. 以 b、c 为圆心，Ba 为半径作圆弧，得交点 d。连接 dB，即为所求垂线
求 15°、30°、45°、60°、75°、120° 的角度	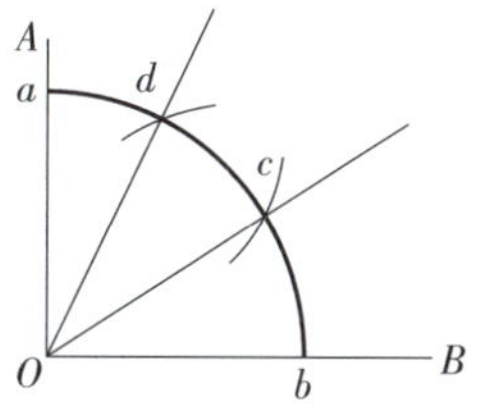	1. 以直角的顶点 O 为圆心、任意长为半径作圆弧，与直角边 OA、OB 交于 a、b 2. 以 Oa 为半径，分别以 a、b 为圆心作圆弧，交圆弧 ab 于 c、d 两点 3. 连接 Oc、Od，则 $\angle bOc$、$\angle cOd$、$\angle dOa$ 均为 30° 角 4. 用等分角度的方法，亦可作出 15°、45°、60°、75° 及 120° 的角
任意角度的近似作法	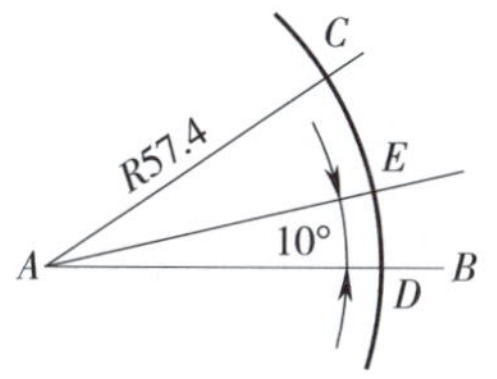	1. 作线段 AB 2. 以 A 为圆心、57.4 mm 为半径作圆弧 CD 3. 以 D 为圆心、10 mm 为半径在圆弧 CD 上截取，得 E 点 4. 连接 AE，则 $\angle EAD$ 近似为 10°，半径每 1 mm 所截弧长近似为 1°
求已知弧的圆心	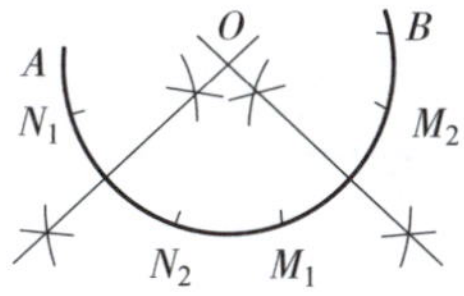	1. 在已知圆弧 AB 上取点 N_1、N_2、M_1、M_2，并分别作线段 N_1N_2 和 M_1M_2 的垂直平分线 2. 两垂直平分线的交点 O，即为圆弧 AB 的圆心
作圆弧与两相交线段相切	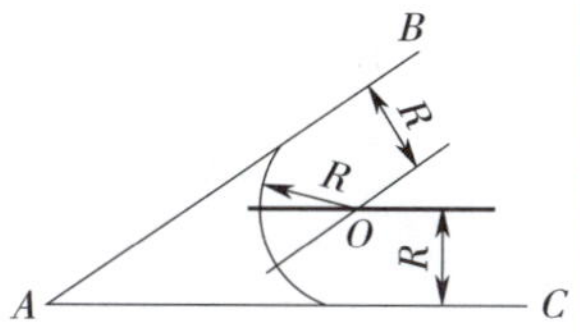	1. 在两相交线段的锐角 $\angle BAC$ 内侧，作与两线段相距为 R 的两条平行线，得交点 O 2. 以 O 为圆心、R 为半径作圆弧即成
作圆弧与两圆外切	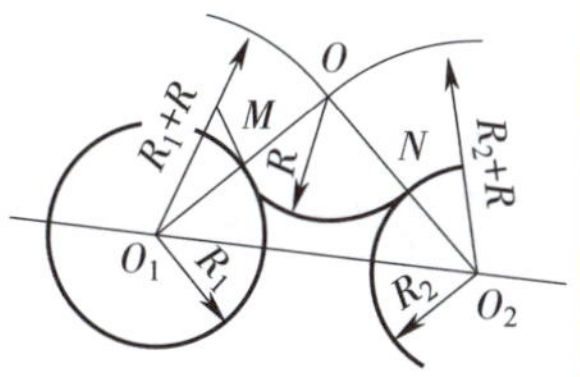	1. 分别以 O_1 和 O_2 为圆心，以 R_1+R 及 R_2+R 为半径作圆弧交于 O 点 2. 连接 O_1、O 交已知圆于 M 点，连接 O_2、O 交已知圆于 N 点 3. 以 O 为圆心、R 为半径作圆弧即成
作圆弧与两圆内切	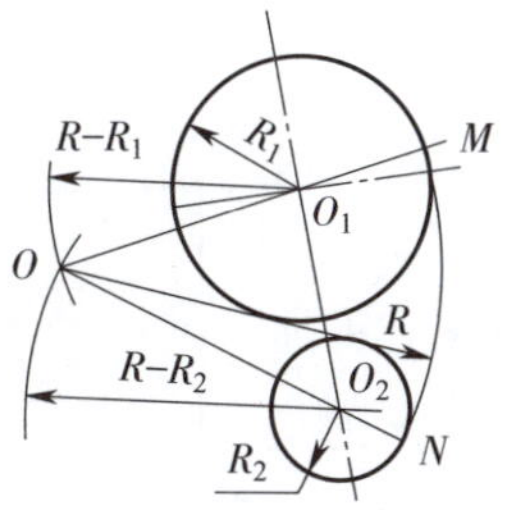	1. 分别以 O_1 和 O_2 为圆心，$R-R_1$ 和 $R-R_2$ 为半径作弧交于 O 点 2. 以 O 为圆心、R 为半径作圆弧即成

续表

划线要求	图样	划线方法
把圆周五等分		1. 过圆心 O 作直径 $CD \perp AB$ 2. 取 OA 的中点 E 3. 以 E 为圆心、EC 为半径作圆弧交 AB 于 F 点，CF 即为圆五等分的长度
任意等分半圆		1. 将圆的直径 AB 分为任意等份，得交点 1、2、3、4、…… 2. 分别以 A、B 为圆心，AB 为半径作圆弧交于 O 点 3. 连接 O_1、O_2、O_3、O_4、……，并分别延长交半圆于 1′、2′、3′、4′、……。1′、2′、3′、4′、……即为半圆的等分点

七、划线时的注意事项

1. 保持划线平板的整洁，对暂不使用的平板应涂油、加盖保护。
2. 划针不用时，应套上塑料套，以防伤人。
3. 工具要合理放置，左手用的工具放在工作位置的左边，右手用的工具放在工作位置的右边。
4. 较大工件的立体划线，安放工件时应在工件下加上垫木，以免发生事故。
5. 划线完毕，收好工具，清理工作场地。

第二节 錾　削

一、錾削的概念

用锤子打击錾子对金属工件进行切削加工的方法称为錾削。錾削是一种粗加工，一般按所划加工线进行加工，平面度误差可控制在 0.5 mm 之内。錾削主要用于不便于机械加工的场合，如清除毛坯上的多余金属、分割材料、錾削平面和沟槽等。

二、錾削角度

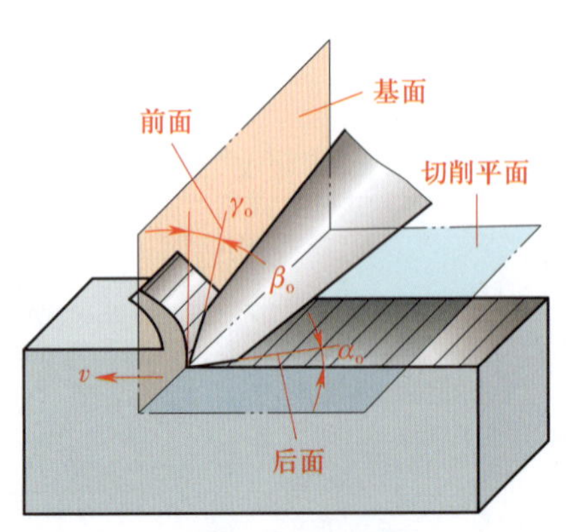

图 5-6　錾削角度

錾削时，錾子与工件之间应形成适当的切削角度。图 5-6 所示为錾削平面时的情况。錾削角度的定义、作用及选择分别见表 5-3、表 5-4。

表 5-3　　錾削角度的定义及作用

錾削角度	定义	作用
楔角 β_o	錾子前面与后面之间的夹角	楔角小，錾削省力，但刃口薄弱，容易崩损；楔角大，錾削费力，錾削表面不易平整。通常根据工件材料的软硬选取楔角的大小
后角 α_o	錾子后面与切削平面之间的夹角	减小錾子后面与切削表面间的摩擦，使錾子容易切入材料。后角大小取决于錾子被掌握的方向，其对錾削的影响如图 5-7 所示
前角 γ_o	錾子前面与基面之间的夹角	减小切屑变形，使切削轻快。前角越大，切削越省力

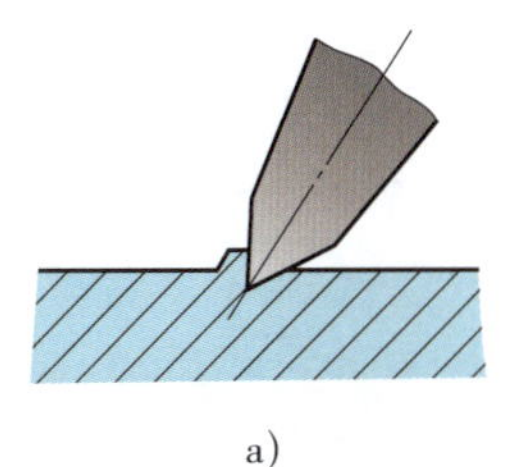
a)

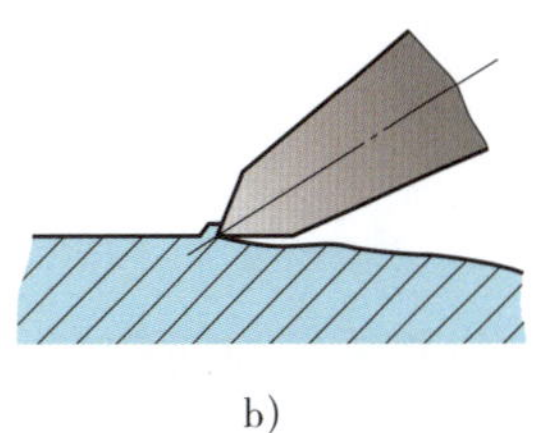
b)

图 5-7　后角大小对錾削的影响
a）后角过大　b）后角过小

表 5-4　　錾削角度的选择

工件材料	楔角 β_o	后角 α_o	前角 γ_o
工具钢、铸铁等硬材料	60° ~ 70°	5° ~ 8°	γ_o=90° –（β_o + α_o）
结构钢等中等硬度材料	50° ~ 60°		
铜、铝、锡等软材料	30° ~ 50°		

三、錾削基本操作

1. 錾削姿势

（1）锤子的握法

1）紧握法。右手五指紧握锤柄，拇指合在食指上，虎口对准锤头方向，木柄尾端露出 15 ~ 30 mm。在挥锤和锤击过程中，五指始终紧握（图 5-8a）。

2）松握法。只用拇指和食指握紧锤柄。在挥锤时，小指、无名指和中指依次放松。在锤击时，又以相反的次序收拢握紧（图 5-8b）。

（2）錾子的握法

1）正握法。腕部伸直，用中指、无名指握住錾子，小指自然合拢，食指和拇指自然松靠，錾子头部伸出约 20 mm（图 5-9a）。

图 5-8 锤子的握法

a）锤子的紧握法 b）锤子的松握法

2）反握法。手心向上，手指自然捏住錾子，手掌悬空（图 5-9b）。

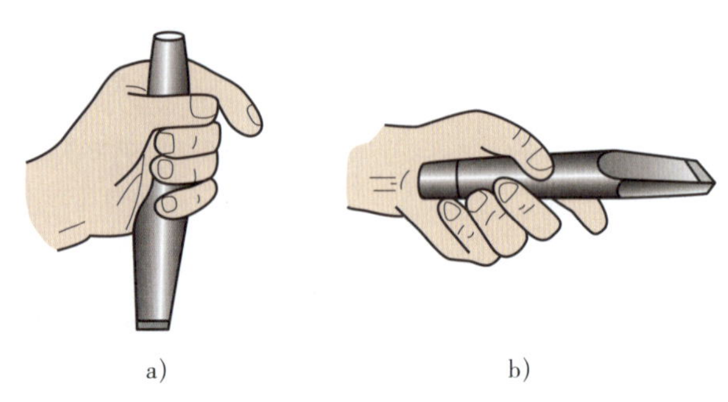

图 5-9 錾子的握法

a）正握法 b）反握法

（3）挥锤方法

1）腕挥（图 5-10a）。仅挥动手腕进行锤击运动，采用紧握法握锤，腕挥频率约为 50 次 /min，用于錾削余量较少的工件及錾削开始或结尾。

2）肘挥（图 5-10b）。手腕与肘部一起挥动进行锤击运动，采用松握法，肘挥频率约为 40 次 /min，用于需要较大力錾削的工件。

3）臂挥（图 5-10c）。手腕、肘和全臂一起挥动，其锤击力最大，用于需要大力錾削的工件。

（4）錾削站立的姿势

为了充分发挥较大的敲击力量，操作者必须保持正确的站立位置（图 5-11）。左脚跨前半步，两腿自然站立，人体重心稍微偏向后方，视线要落在工件的錾削部位。

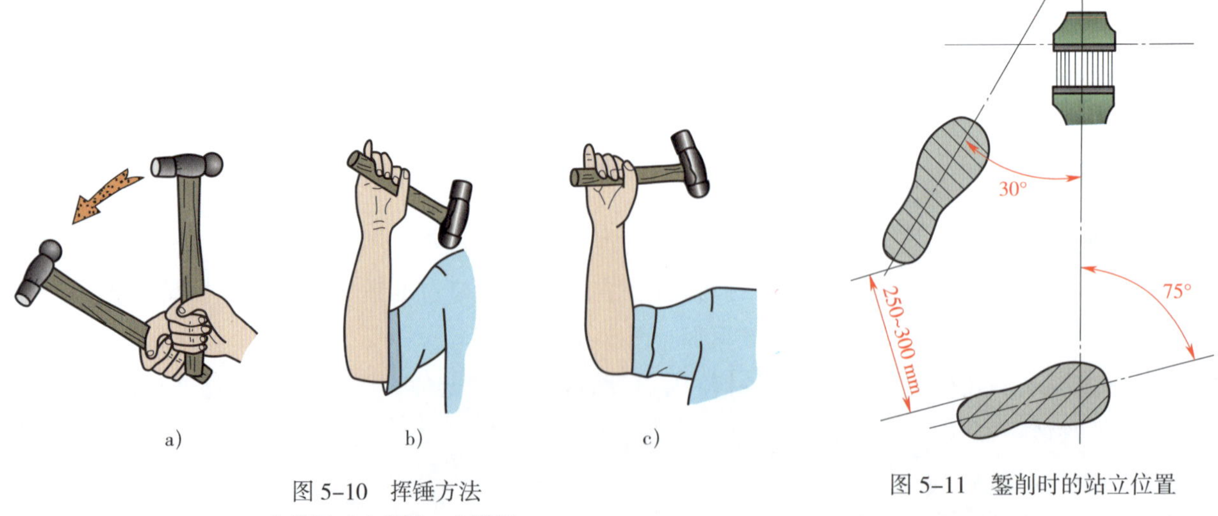

图 5-10 挥锤方法

a）腕挥 b）肘挥 c）臂挥

图 5-11 錾削时的站立位置

（5）锤击要领

1）挥锤。肘收臂提，举锤过肩；手腕后弓，三指微松；锤面朝天，稍停瞬间。

2）锤击。目视錾刃，臂肘齐下；收紧三指，手腕加劲；锤錾一线，锤走弧形；左脚着力，右腿伸直。

3）要求。稳：节奏平稳；准：锤击准确；狠：锤击有力。

2. 錾削方法

（1）錾削板料

1）工件夹在台虎钳上錾削。錾削时，板料按划线与钳口平齐，用扁錾沿着钳口并斜对着板料（约成 45°角）自右向左錾削（图 5–12）。

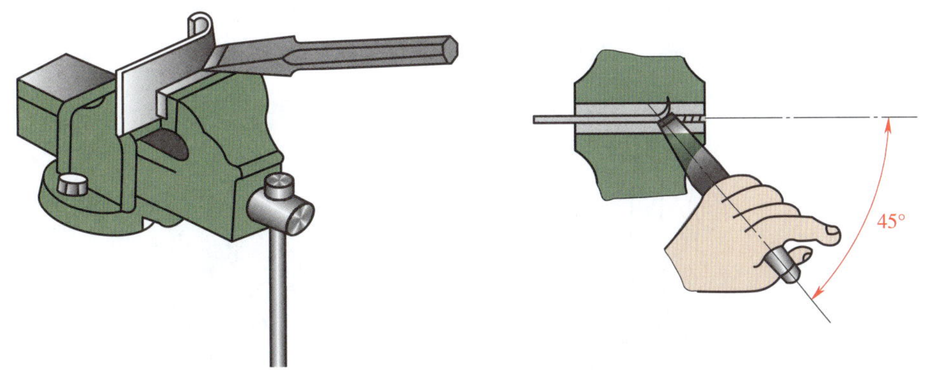

图 5–12 在台虎钳上錾削板料

錾削时，錾子刃口不可正对板料錾削，否则由于板料的弹动和变形，易造成切断处不平整或出现裂缝（图 5–13）。

2）在铁砧上或平板上錾削。对尺寸较大的板料或錾削线有曲线而不能在台虎钳上錾削时，可在铁砧（或旧平板）上进行（图 5–14）。此时，切断用錾子的切削刃应磨成适当的弧形，以使前后錾痕连接齐整（图 5–15a），否则錾痕容易错位（图 5–15b）。

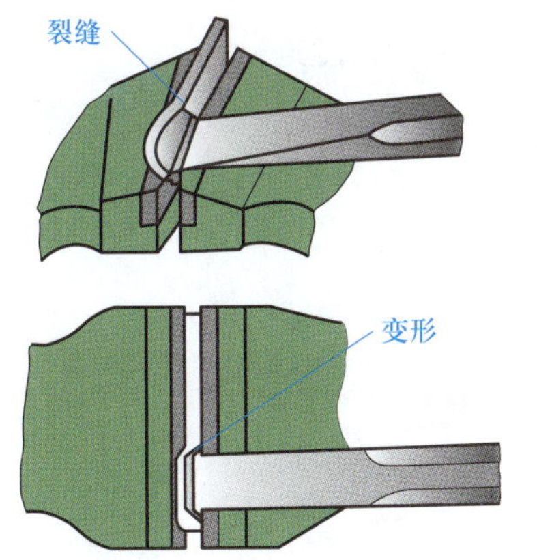

图 5–13 不正确的錾削板料方法

图 5–14 在铁砧上錾削板料

当錾削直线段时，錾子切削刃的宽度可宽些（用扁錾）；錾削曲线时，刃宽应根据其曲率半径大小而定，以使錾痕能与曲线基本一致。

錾削时，应由前向后錾，开始时錾子应放斜些，似剪切状，然后逐步放垂直，如图 5–15c、d 所示，依次逐步錾削。

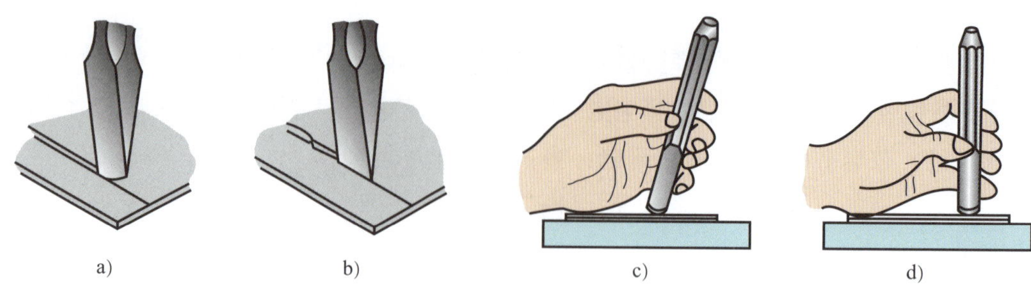

图 5-15 錾削板料方法

a）用圆弧刃錾錾痕易齐整 b）用平刃錾錾痕易错位 c）先倾斜錾削 d）后垂直錾削

3）用密集钻孔配合錾子錾削。当工件轮廓线较复杂的时候，为了减小工件变形，一般先按轮廓线钻出密集的排孔，再用扁錾、尖錾逐步錾削，如图 5-16 所示。

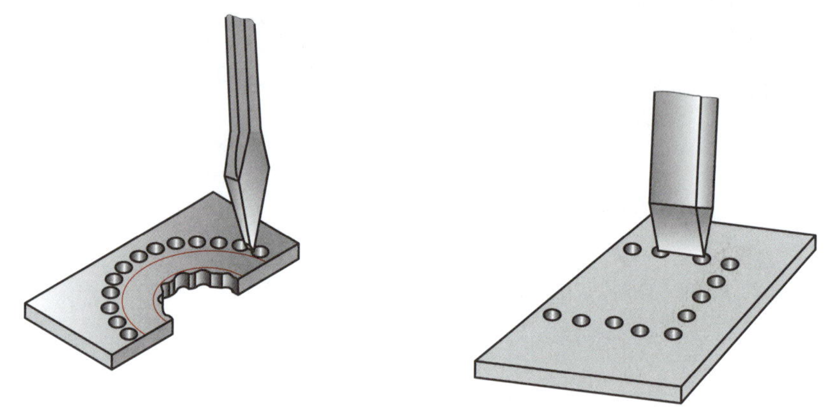

图 5-16 用密集钻孔配合錾子錾削

（2）錾削平面

1）起錾与终錾。在錾削平面时采用斜角起錾（图 5-17）。先在工件的边缘尖角处，轻轻敲打錾子，錾削出一斜面，同时慢慢地把錾子移向中间，然后按正常錾削角度进行。

在錾削槽时应采用正面起錾（图 5-18），錾子刃口要贴住工件端面，先錾削出一个斜面，然后按正常錾削角度进行。

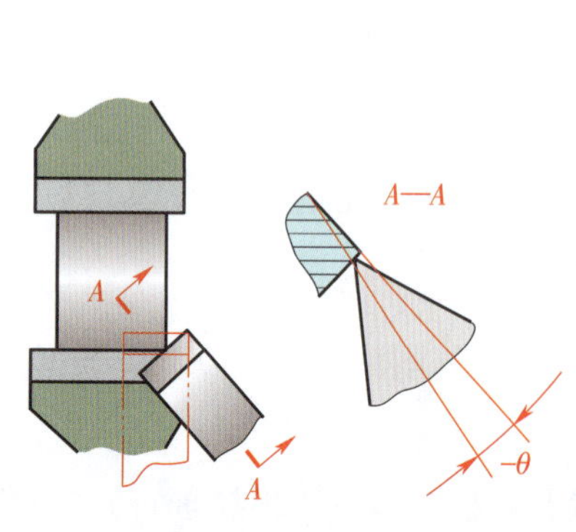

图 5-17 斜角起錾

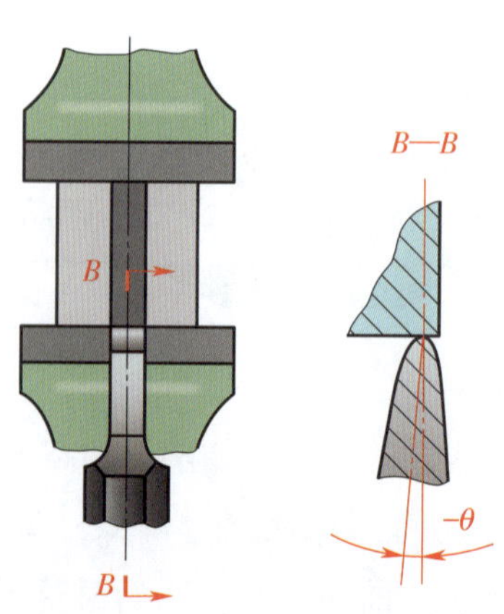

图 5-18 正面起錾

终錾时，要防止工件边缘材料崩裂，当錾削接近尽头 10 ~ 15 mm 时，必须掉头錾去余下部分（图 5-19a）。尤其是錾铸铁、青铜等脆性材料时更应如此，否则尽头处就会崩裂（图 5-19b）。

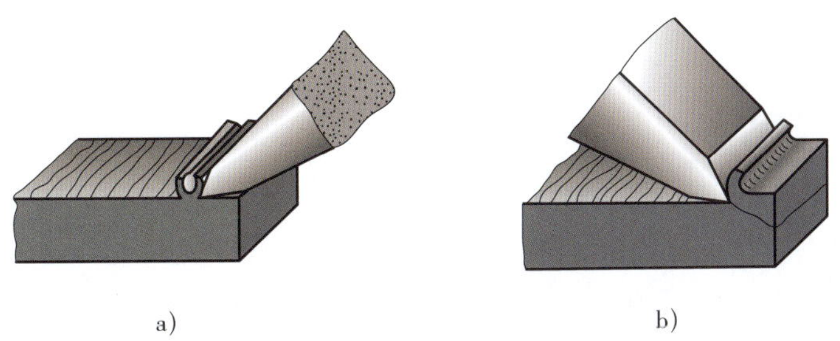

图 5-19 錾到尽头时的錾削方法
a）正确 b）错误

2）錾削平面。用扁錾每次錾削厚度为 0.5 ~ 2 mm。在錾削较宽的平面时，一般先用尖錾以适当的间隔开出工艺直槽（图 5-20），再用扁錾将槽间凸起部分錾平。

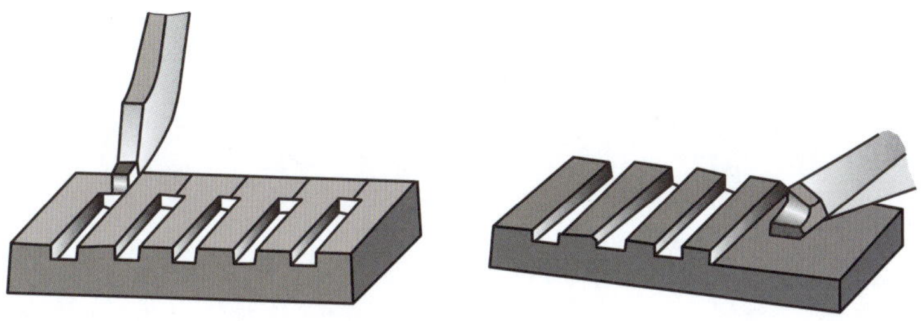

图 5-20 錾削较宽平面

在錾削较窄的平面时，錾子切削刃与錾削前进方向倾斜一个角度（图 5-21），使切削刃与工件有较多的接触面，这样錾削过程中易使錾子掌握平稳。

（3）錾削油槽（图 5-22）

油槽錾的切削部分应根据图样上油槽的断面形状、尺寸进行刃磨，同时在工件需錾削油槽部位划线。

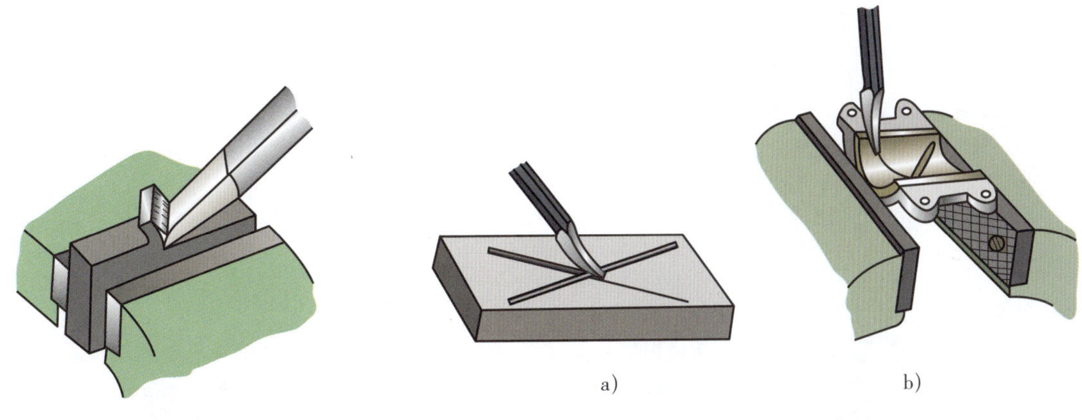

图 5-21 錾削较窄平面

图 5-22 錾削油槽
a）在平面上錾削油槽 b）在曲面上錾削油槽

起錾时，錾子要慢慢地加深至尺寸要求，錾到尽头时刃口必须慢慢翘起，保证槽底圆滑过渡。如果在曲面上錾削油槽，錾子倾斜程度应随着曲面而变动，使錾削时的后角保持不变，保证錾削顺利进行。

四、錾削时的注意事项

1. 锤头松动、锤柄有裂纹、锤子无楔不能使用，以防止锤头飞出伤人。
2. 握锤的手不准戴手套，锤柄不应带油，以防止锤子飞脱伤人。
3. 錾削工作台应装有安全网，以防止錾削的飞屑伤人。
4. 錾削脆性金属时，操作者应戴防护眼镜，以防止碎屑崩伤眼睛。
5. 錾子头部有明显的毛刺时要及时磨掉，以防止碎裂扎伤手面。
6. 錾削将近终止时，锤击力要轻，以防止把工件边缘錾缺而造成废品。
7. 要经常保持錾子刃部的锋利，过钝的錾子不但工作费力，錾出的表面不平整，而且常易产生打滑现象而引起手部划伤的事故。

五、平面錾削质量分析

平面錾削常见问题、产生原因及预防措施见表 5–5。

表 5–5　平面錾削常见问题、产生原因及预防措施

常见问题	产生原因	预防措施
錾削表面粗糙	1. 錾子淬火太硬 2. 刃口崩裂或刃口不锋利，但还在继续使用 3. 锤击力不均匀 4. 錾子的头部已锤平，使受力方向经常改变	1. 錾子淬火时，硬度应符合要求 2. 及时更换或刃磨錾子刃口 3. 锤击力应均匀 4. 及时更换头部已锤平的錾子
錾削面凹凸不平	后角在一段錾削过程中过大，造成錾面凹；后角在一段錾削过程中过小，造成錾面凸	錾削时，后角控制在 5° ~ 8°，避免后角忽大忽小
表面有梗痕	1. 左手未将錾子扶稳，而使錾刃倾斜，并在錾削时刃角梗入 2. 在刃磨錾子时，刃口磨成中凹	1. 錾削时，左手应将錾子扶稳，避免錾刃倾斜 2. 在刃磨錾子时，刃口应平直
崩裂或塌角	1. 在錾到尽头时，未掉头錾削使棱角崩裂 2. 起錾量太多，并造成塌角	1. 在錾到尽头时，应掉头錾削 2. 起錾时，錾削余量不宜过大
尺寸超差	1. 在起錾时，尺寸不准 2. 在錾削时，测量、检查不及时	1. 起錾时，应沿划线进行 2. 在錾削时，应及时测量、检查

第三节 锯 削

一、锯削的概念

用手锯对材料或工件进行切断或切槽等的加工方法称为锯削。锯削是一种粗加工，平面度一般可控制在 0.2 ~ 0.5 mm。它具有操作方便、简单、灵活的特点，应用较广。锯削的应用如图 5-23 所示。

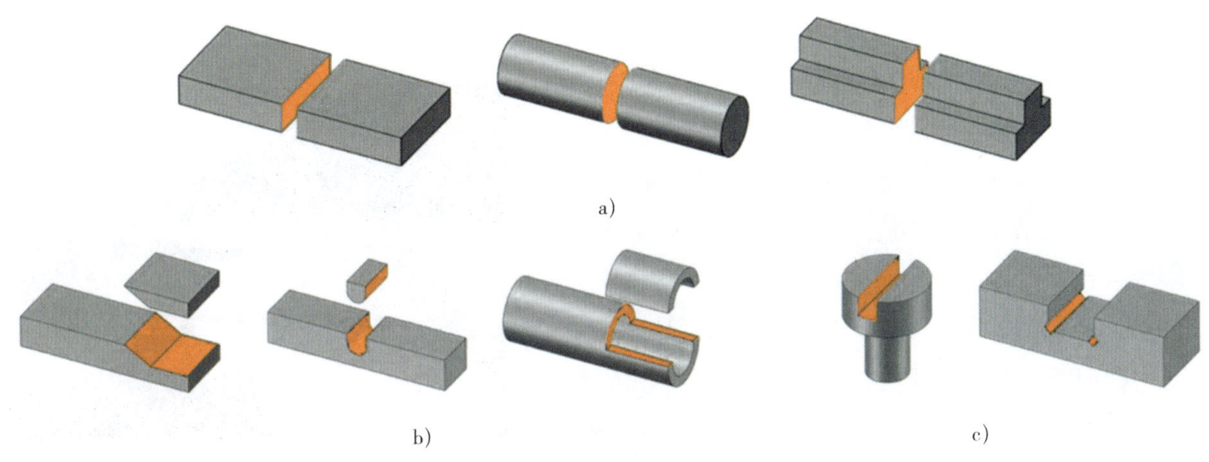

图 5-23 锯削的应用
a）锯断各种原材料或半成品 b）锯掉工件上多余部分 c）在工件上锯沟槽

二、锯削的基本操作

1. 工件的划线及夹持

进行锯削时，一定要先划线，然后按划线进行锯削。为提高锯削精度，应贴着所划线条进行锯削，而不应将所划线条锯掉。

工件一般应夹持在台虎钳的左侧，以便操作。工件伸出钳口不应过长，应使锯缝离开钳口侧面约 20 mm，防止工件在锯削时产生振动。锯缝线要与钳口侧面保持平行，使锯缝线与铅垂线方向一致，以便控制锯缝不偏离所划线条。

锯削时，工件夹紧要牢靠，同时要避免因夹持太紧而将工件夹变形或夹坏已加工面。

2. 锯条的安装

锯条的安装应注意两个问题：一是锯齿向前，如图 5-24 所示，只有锯齿向前才能正常切削，否则锯条的几何切削角度发生改变，前角变为负值；二是锯条松紧要适当，太松或太紧锯条易断。安装好后锯条应无扭曲现象，锯条平面与锯弓纵向平面在同一平面内或互相平行。

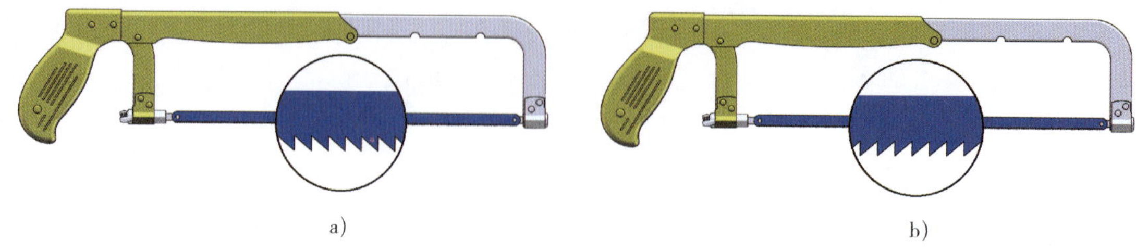

图 5-24　锯条的安装
a）正确　b）错误

3. 锯削姿势

（1）手锯的握法

如图 5-25 所示，右手满握锯柄，拇指自然地放在食指上方，不要压食指，左手在整个锯削的过程中始终轻扶在弓架前端，不可施力，在锯削推程和回程中，用右手控制其方向和作用力的大小，左手只是起辅助作用。

图 5-25　手锯的握法

（2）站立姿势

正确的锯削姿势能够减轻疲劳，提高锯削质量和效率。锯削姿势与手锯的大小有关。锯削时站立要自然，左手、手锯、右手形成的水平直线称为锯削轴线。右脚掌心在锯削轴线上，右脚掌长度方向与锯削轴线成 75° 角；左脚在台虎钳前左下方，与锯削轴线成 30° 角；两脚跟之间距离因人而异，通常为操作者的肩宽；身体平面与锯削轴线成 45° 角；身体重心大部分落在左脚，左腿呈弯曲状态，并随锯削往复运动做相应屈伸，右腿伸直，如图 5-26 所示。

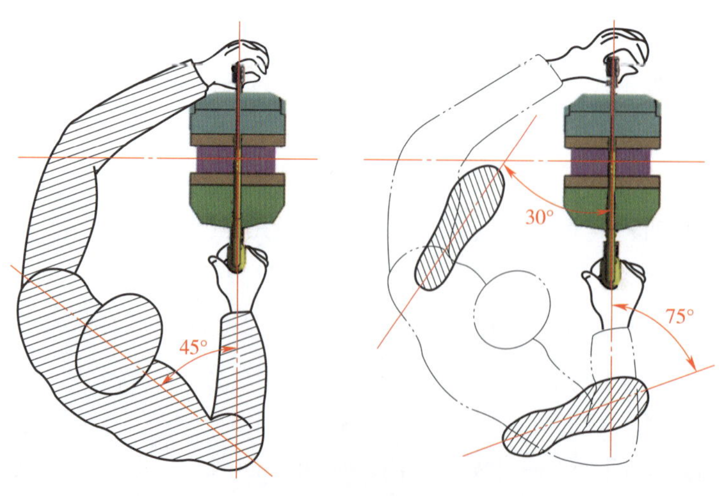

图 5-26　锯削站立姿势

4. 起锯方法

（1）远起锯

远起锯俯倾 15°为宜（图 5–27a）。起锯角不能太大（图 5–27b）。

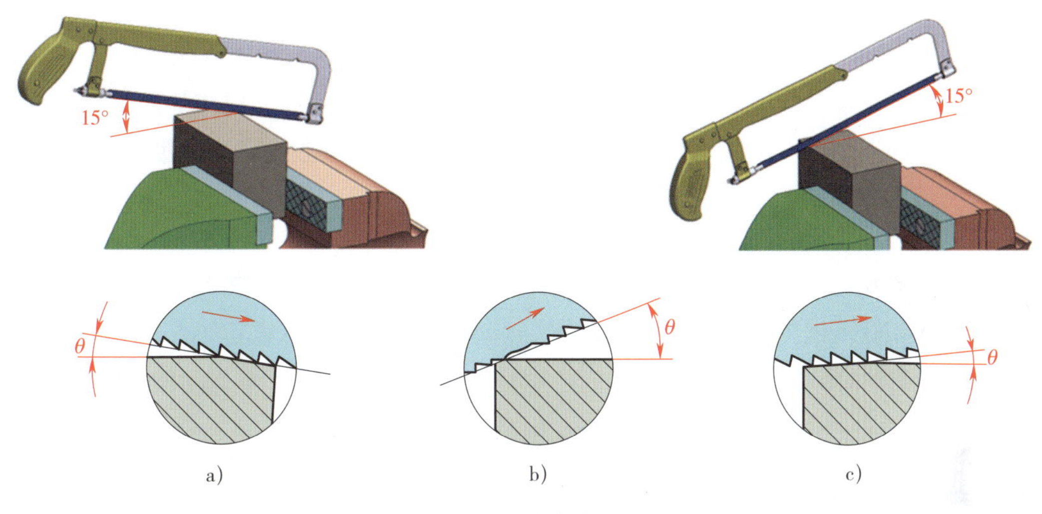

图 5–27 起锯方法
a）远起锯 b）起锯角太大 c）近起锯

（2）近起锯

近起锯仰倾 15°为宜（图 5–27c）。

起锯的要求：压力要小，速度要慢。为了起锯顺利，可将锯片靠在左手拇指处引锯，以防止锯条在工件表面打滑。

5. 锯削运动

锯削时锯弓运动方式有两种，一种是直线往复运动，另一种是锯弓上下小幅度摆动。

（1）直线往复运动

锯削时，右腿站直，左腿略微弯曲，身体前倾 10° 左右，重心落于左腿。双手正确握住锯弓，左臂略微弯曲，右臂尽量向后收，保持与锯削方向平行，如图 5–28a 所示。

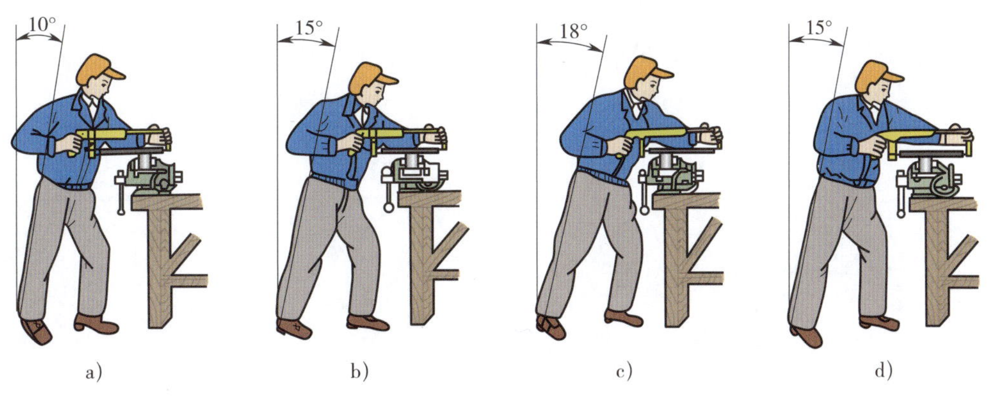

图 5–28 锯削过程
a）锯削开始 b）锯削至 1/3 行程 c）锯削至 2/3 行程 d）锯削至 3/4 行程

向前锯削时，身体与锯弓一起向前运动，左腿向前弯曲，右腿伸直向前倾，重心落于左腿，如图 5-28b 所示。随着锯弓行程的继续推进，身体倾斜角度随之增大，这时身体前倾 18° 左右，如图 5-28c 所示。当锯弓推进约 3/4 行程时，身体停止前进，两臂继续推动锯弓向前运动，慢慢地将身体重心后移，锯削行程结束后，取消压力，将手和身体恢复到初始位置，准备进行第二次锯削，如图 5-28d 所示。在整个锯削过程中，应保持锯缝的平直，如有歪斜应及时纠正。这种操作方式适于加工薄形工件和直槽。

（2）锯弓上下小幅度摆动

锯弓上下小幅度摆动操作时两手动作自然，不易疲劳，切削效率高。但初学者使用这种锯削方式时，锯削尺寸和断面质量不易控制，所以建议初学者还是使用直线往复运动方式进行锯削。

6. 锯削压力

锯削时的推力和压力主要由右手控制，左手所加压力不要太大，主要起扶正锯弓的作用。手锯推进时，锯削压力应根据所锯工件材料的性质来定。锯削硬材料时，因不容易切入，压力应大些，但要防止打滑；锯削软材料时，压力应小些，防止切入过深而产生咬住现象。手锯在回程中不要施加压力，以免锯齿磨损。

7. 锯削频率

锯削速度以 20 ~ 40 次 /min 为宜。锯削软材料时，锯削速度可快一些；锯削硬材料时，锯削速度要慢一些。必要时可加水或乳化液冷却，以减轻锯条的磨损。锯削时应用锯条全长工作，或长度不小于锯条长度的 2/3 工作，使切削工作平均分配到大部分锯齿，以免锯条的中间部分迅速磨钝，提高锯条的利用率。快锯断时，用力应减轻，以免碰伤手臂或砸到脚。

三、各种型材的锯削方法

1. 棒料的锯削

锯削断面要求平整的，应从起锯开始连续锯到结束。若锯削断面要求不高时，锯到一定深度后可将棒料转过一定角度再锯，由于锯削面变小而易锯入，可提高工作效率。

2. 管子的锯削

薄壁管子用弧形木垫夹持（图 5-29a），以防夹扁或夹坏管子表面。锯削管子时要在锯透管壁时将管子向推锯方向转过一个角度再锯（图 5-29b、c），否则容易造成锯齿的崩断。

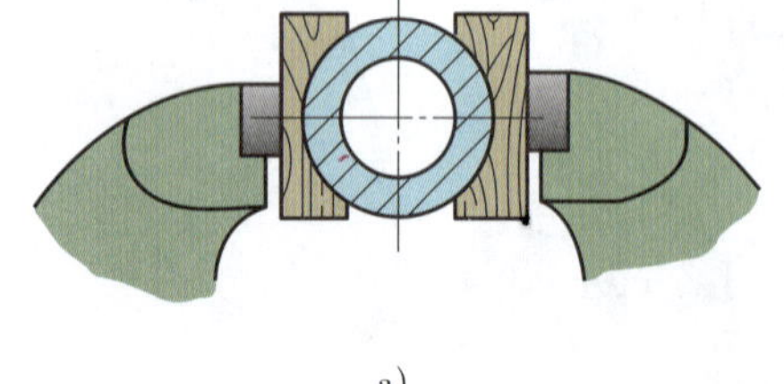
a）

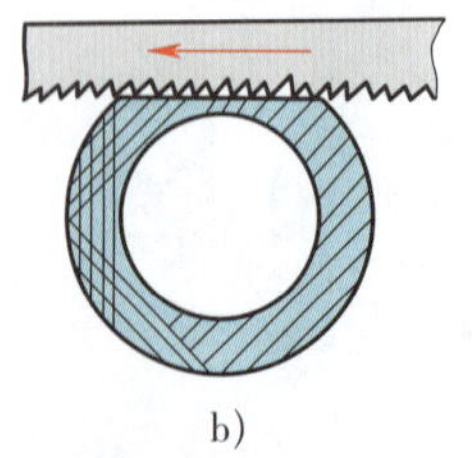
b）

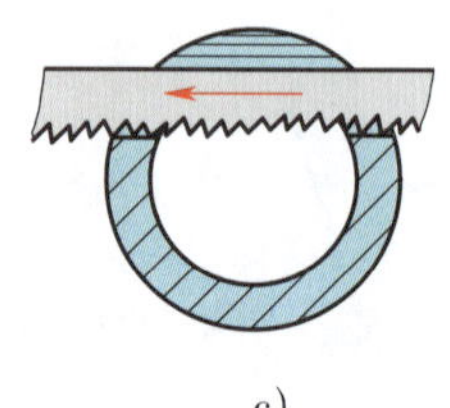
c）

图 5-29　管子的夹持和锯削

a）管子的夹持　b）转位锯削　c）不正确的锯削

3. 板料的锯削

板料锯缝一般较长，工件装夹要有利于锯削操作。

（1）薄板料的锯削（图 5–30）

将薄板材夹持在两块木板之间，以提高刚度。锯削时，连同木板一起锯开或手锯做横向锯削。

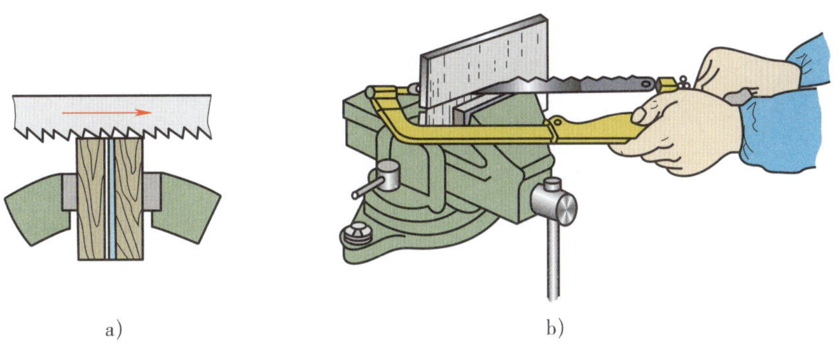

a） b）

图 5–30 薄板料的锯削

a）薄板夹持锯削 b）横向锯削

（2）深缝的锯削

当锯缝深度超过锯弓高度时，应将锯条转 90° 重新安装，使锯弓转到工件的旁边，如图 5–31b 所示；当锯弓横下来其高度仍不够时，也可把锯条安装成使锯齿向内的方向锯削，如图 5–31c 所示。

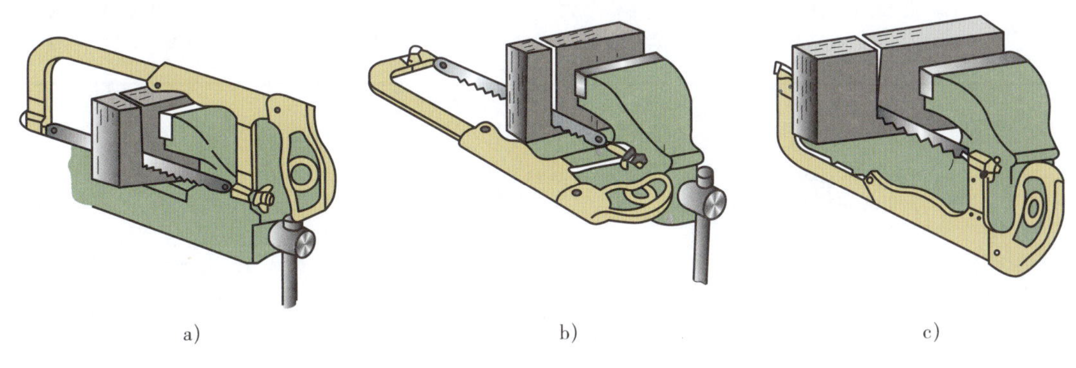

a） b） c）

图 5–31 深缝的锯削

a）正常锯削 b）侧向锯削 c）反向锯削

四、锯削时的注意事项

1. 锯削时，必须注意工件的装夹及锯条的安装是否正确，并要注意起锯方法和起锯角度的正确，以免一开始锯削就造成废品或锯条损坏。

2. 推锯方向要与钳口垂直，以保证锯缝与工件大平面垂直。

3. 初学锯削时，对锯削速度不易掌握，往往推出速度过快，这样将使锯条很快磨钝，而且人也容易疲劳。同时，也常会出现摆动姿势不自然、摆动幅度过大等错误，应注意及时纠正。

4. 要随时注意锯缝的平直情况，及时纠正。如果歪斜过多再做纠正，就不能保证锯削的质量。

5. 在锯削钢件时，可加些全损耗系统用油（俗称机油），以减少锯条与锯削面的摩擦，并能冷却锯条，可以提高锯条的使用寿命。

6. 锯削完毕，应将锯弓上张紧螺母适当放松，但不要拆下锯条，防止锯弓上的零件丢失。

五、锯削质量分析

锯削时常见问题、产生原因及预防措施见表 5–6。

表 5–6　锯削时常见问题、产生原因及预防措施

常见问题	产生原因	预防措施
锯条折断	1. 锯条选用不当 2. 起锯角度不当 3. 锯条装夹过紧或过松 4. 工件未夹紧，锯削时工件有松动 5. 锯削压力太大或推锯过猛 6. 强行矫正歪斜锯缝或换上的新锯条在原锯缝中受卡 7. 工件锯断时锯条撞击工件	1. 正确选用锯条 2. 近起锯仰倾 15° 为宜，远起锯俯倾 15° 为宜 3. 锯条装夹松紧适当 4. 工件装夹牢固 5. 锯削压力适当，推锯不应过猛 6. 锯削时注意锯缝的平直情况，及时纠正，避免歪斜 7. 快要锯断时，应减小锯削压力
锯齿崩裂	1. 锯条装夹过紧 2. 起锯角度太大 3. 锯削中遇到材料组织缺陷，如杂质、砂眼等	1. 锯条装夹松紧适当 2. 近起锯仰倾 15° 为宜，远起锯俯倾 15° 为宜 3. 锯削时，尽量避开材料组织缺陷处
锯缝歪斜	1. 工件装夹不正 2. 锯弓未扶正或用力歪斜，使锯条背偏离锯缝中心平面，而斜靠在锯削断面的一侧 3. 锯削时双手操作不协调	1. 正确装夹工件 2. 锯削时，应扶正锯弓，避免歪斜 3. 锯削时的推力和压力主要由右手控制，左手所加压力不要太大，主要起扶正锯弓的作用

第四节　锉　　削

一、锉削的概念

用锉刀对工件进行切削加工，使其尺寸、形状和表面粗糙度符合要求的操作方法称为锉削。锉削一般是在錾削、锯削之后对工件进行的精度较高的加工，其精度可达 0.01 mm，表面粗糙度 *Ra* 值可达 0.8 μm。锉削的应用范围较广，可以锉削工件的内外平面、内外曲面、沟槽及各种复杂表面。

二、锉削方法

1. 锉刀的握法

锉刀的握法是否正确，对锉削质量、锉削力量的发挥和操作者的疲劳程度都有一定的影响。由于锉刀的大小和形状不同，所以锉刀的握法也应不同，锉刀的握法见表5–7。

表5–7　锉刀的握法

锉刀种类	长度	握法	图示
较大型锉刀	大于250 mm	用右手握锉刀柄，柄端顶住掌心，拇指放在柄的上部，其余手指满握锉刀柄。左手的基本握法是拇指自然屈伸，其余四指弯向手心，与手掌共同把持锉刀前端。其中左手的肘部要适当抬起，不要有下垂的姿势，否则不能发挥力量	
中型锉刀	200 mm左右	右手的握法与较大型锉刀的握法一样，左手只需用拇指和食指捏住锉刀的前端，不必像较大型锉刀那样施加很大的力量	
较小型锉刀	150 mm左右	由于需要施加的力量较小，故两手的握法也有所不同。用左手的手指压在锉刀的中部，右手食指伸直而且靠在锉刀边。这样的握法不易感到疲劳，锉刀也容易掌握平稳	
更小型锉刀	150 mm以下	只要用一只手握住锉刀柄即可，食指在上面，拇指在左侧。用两只手握反而不方便，甚至可能压断锉刀	

2. 锉削姿势

锉削时站立要自然，身体重心要落在左脚上；右膝伸直，左膝部呈弯曲状态，并随锉刀的往复运动而屈伸（图 5–32）。

3. 锉削动作

（1）开始时，身体向前倾斜 10° 左右，右肘尽量向后收缩（图 5–33a）。

（2）锉刀长度推进 1/3 行程时，身体前倾 15° 左右，左腿稍有弯曲（图 5–33b）。

（3）锉削至 2/3 行程时，身体前倾 18° 左右（图 5–33c）。

（4）锉削至最后 1/3 行程时，右肘继续推进锉刀，但身体则须自然地退回至 15° 左右（图 5–33d）。

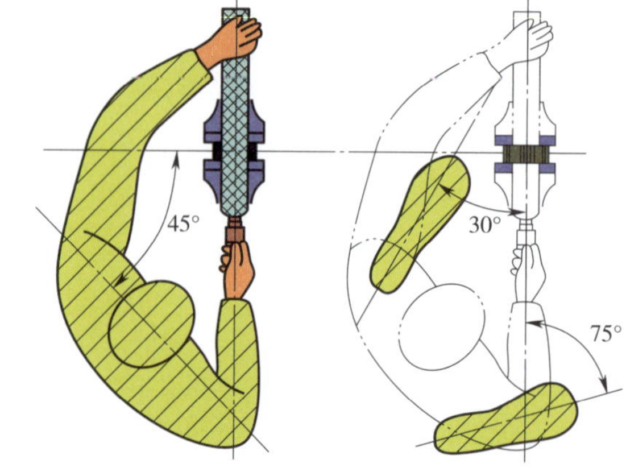

图 5–32 锉削时的站立步位和姿势

（5）锉削行程结束时，手和身体恢复到开始的姿势，同时将锉刀略微提起并退回。

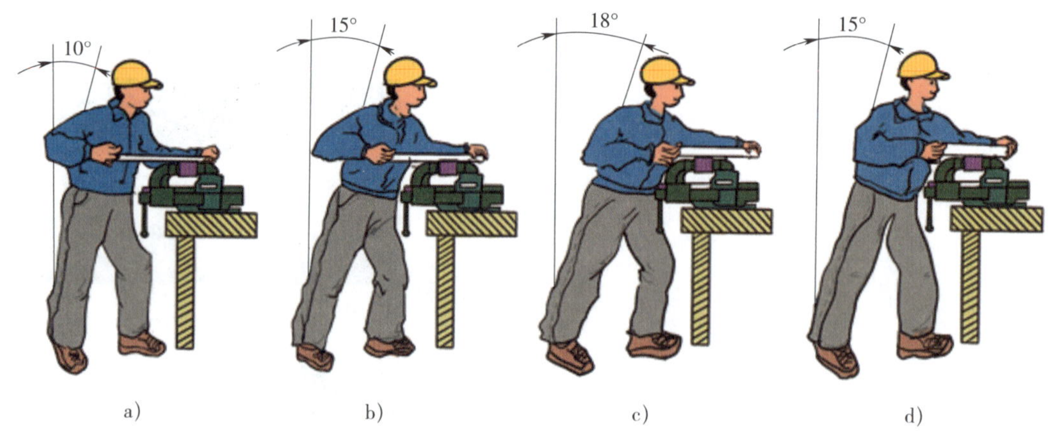

图 5–33 锉削动作
a）锉削开始 b）锉削至 1/3 行程 c）锉削至 2/3 行程 d）锉削至最后 1/3 行程

4. 锉削力和锉削速度

（1）锉削力

要锉出平直的平面，必须使锉刀保持直线的锉削运动。为此，锉削时右手的压力要随锉刀推动而逐渐增加，左手的压力要随锉刀的推动而逐渐减小，锉平面时两手的用力情况如图 5–34 所示，回程时不加压力，以减少锉齿的磨损。

（2）锉削速度

锉削速度一般应在 40 次 /min 左右，推出时稍慢，回程时稍快，动作要自然、协调。

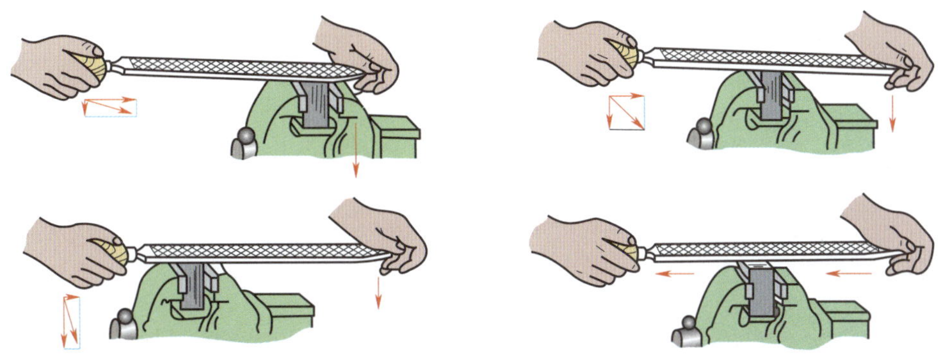

图 5-34　锉平面时两手的用力情况

5. 平面锉削

（1）平面锉削的方法

平面锉削的方法有顺向锉、交叉锉和推锉，见表 5-8。

表 5-8　　平面锉削的方法

锉削方法	说明	图示
顺向锉	顺向锉是最常用的锉削方法。采用顺向锉时，锉刀的推进方向与工件夹持方向始终一致，面积不大的平面和最后锉光大都采用这种方法。顺向锉削可以得到整齐一致的锉痕，比较美观，精锉时常常采用	
交叉锉	交叉锉是指从两个交叉的方向交替对工件表面进行锉削的方法。锉刀与工件的接触面积大，锉刀运动时容易掌握平稳，能及时反映出平面度的情况，且锉削效率较高。但在工件表面易留下交叉纹路，美观度相对顺向锉较差，因此，一般多用于粗锉和半精锉	
推锉	两手对称地横握锉刀，两手尽可能靠近工件，这样可以减少锉刀左右摆动量，用两拇指推动锉刀顺着工件长度方向进行推拉，适于加工余量小、平面相对狭窄和修正尺寸时使用。推锉法锉削效率较低	

不论选用顺向锉还是交叉锉，为了能保证加工平面的平整，应尽可能做到使锉刀在不同处重复锉削的次数、用力及锉刀的行程保持相同，并且每次的横向移动量均匀和大小适当，如图 5–35 所示。

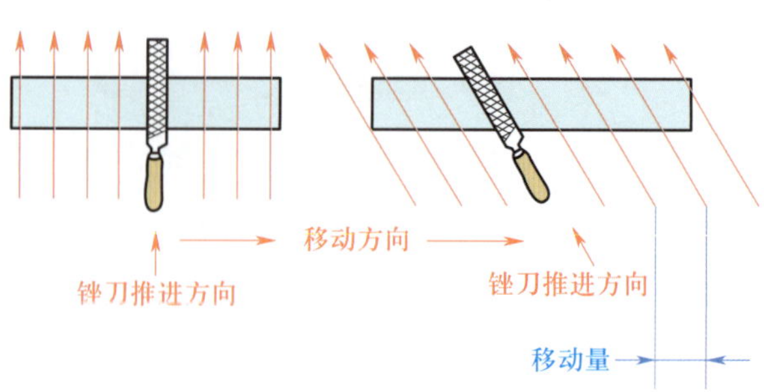

图 5–35 锉刀的运动

（2）平面锉削要领

锉削长方体时，为了更快速、有效、准确地达到加工要求，必须按照一定的顺序进行加工，一般按以下顺序进行：

1）选择最大的平面作为基准面，先把该平面锉平，达到平面度要求。

2）先锉大平面，再锉小平面。以大平面控制小平面，测量准确、修整方便、误差小、余量小。

3）先锉平行面，再锉垂直面。一方面便于控制尺寸，另一方面平行度比垂直度的测量方便。

6. 曲面锉削

（1）外圆弧面锉削方法

1）顺着圆弧面锉削。如图 5–36a 所示，右手握锉刀柄往下压，左手自然将锉刀前端向上抬，这样锉出的圆弧面光洁圆滑，但锉削效率不高，适用于精锉外圆弧面。

2）对着圆弧面锉削。如图 5–36b 所示，锉刀向着图示方向直线推进，能较快地锉成接近圆弧但多棱的形状，最后精锉至光洁、圆滑，适用于圆弧面的粗加工。

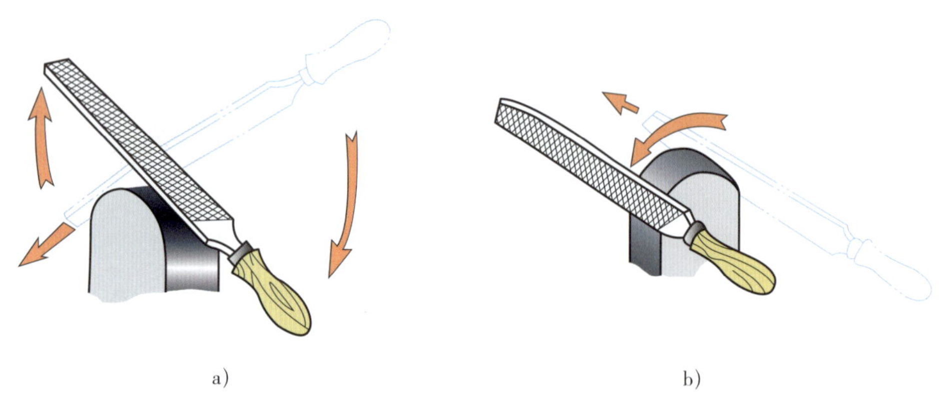

a） b）

图 5–36 外圆弧面锉削方法

a）顺着圆弧面锉削 b）对着圆弧面锉削

（2）内圆弧面锉削方法

如图 5–37 所示，采用圆锉或半圆锉锉削。锉削时锉刀要同时完成三个运动：前进运动、顺圆弧面向左或向右移动、绕锉刀中心线转动，才能使内圆弧面光滑、准确。

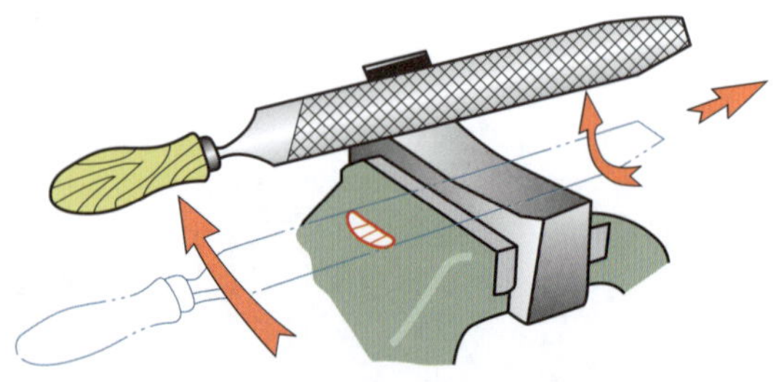

图 5–37 内圆弧面锉削方法

（3）球面锉削方法

球面锉削是顺向锉与横向锉同时进行的一种锉削方式（图 5–38）。

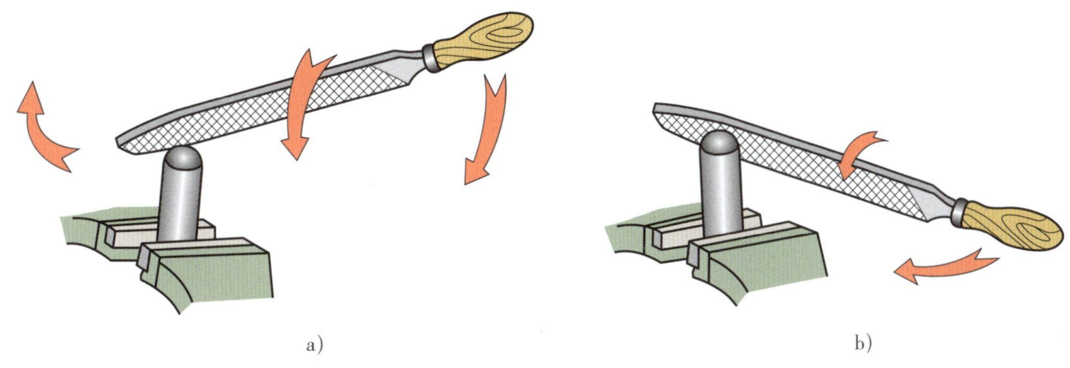

图 5-38　球面锉削方法
a）顺向锉运动　b）横向锉运动

三、锉削时的注意事项

1. 锉削时应保持工具、锉刀、量具的摆放有序，拿取方便。测量时工件不能和量具产生表面摩擦现象。锉刀不可与其他工量具等叠放，以防相互损伤。

2. 锉削练习时，要时刻保持正确的操作姿势，随时纠正不正确的动作。

3. 粗锉时要充分使用锉刀的有效长度，可以提高锉削效率，延长锉刀的使用寿命。

4. 锉削时，不能用嘴吹铁屑，以防飞入眼内；不能用手摸锉削表面，因手有油污会使锉削时锉刀打滑而造成事故。

5. 已加工表面被夹持时，应衬保护垫片；锉削时要综合考虑精度要求。

四、锉削质量分析

锉削时常见问题、产生原因及预防措施见表 5-9。

表 5-9　锉削时常见问题、产生原因及预防措施

常见问题	产生原因	预防措施
工件夹坏	1. 台虎钳钳口铁太硬，将工件表面夹出凹痕 2. 夹紧力太大将空心件夹扁 3. 薄而大的工件未夹好，锉削时变形	1. 装夹精加工工件应用铜钳口 2. 夹紧力要恰当，夹空心件最好用弧形木垫 3. 对薄而大的工件要用辅助工具夹持
平面中凸	锉削时锉刀摇摆	加强锉削技术训练
工件尺寸太小	1. 划线不正确 2. 锉刀锉出加工界线	1. 按图样尺寸正确划线 2. 锉削时要经常测量，对每次锉削量要心中有数
不应锉的部分被锉掉	1. 锉垂直面时未选用光边锉刀 2. 锉刀打滑锉伤邻近表面	1. 应选用光边锉刀 2. 注意消除油污等引起打滑的因素

第五节 孔 加 工

钳工加工孔的方法主要有两类：一类是用麻花钻、中心钻等在实体材料上加工孔；另一类是用扩孔钻、锪钻或铰刀等对工件上已有的孔进行再加工。

一、钻孔

1. 钻孔的概念

用钻头在实体材料上加工孔的方法称为钻孔，如图 5–39 所示。钳工钻孔时常在各类钻床上进行。

钳工常用的钻床有台式钻床、立式钻床和摇臂钻床，分别用来加工不同规格的孔。在钻床上钻孔时，钻头的旋转是主运动，钻头沿轴向的移动是进给运动。

钻削时钻头是在半封闭的状态下进行切削的，转速高，切削量大，排屑困难，摩擦严重，钻头易抖动，所以加工精度低，一般尺寸精度只能达到 IT13 ~ IT11，表面粗糙度 *Ra* 值只能达到 50 ~ 12.5 μm。

2. 钻削用量的选择

（1）钻削用量

钻削用量是指在钻削过程中，切削速度、进给量和背吃刀量的总称，如图 5–40 所示。

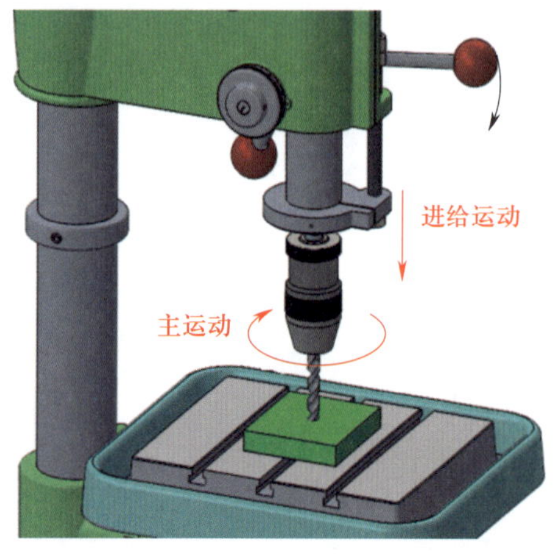

图 5–39 钻孔

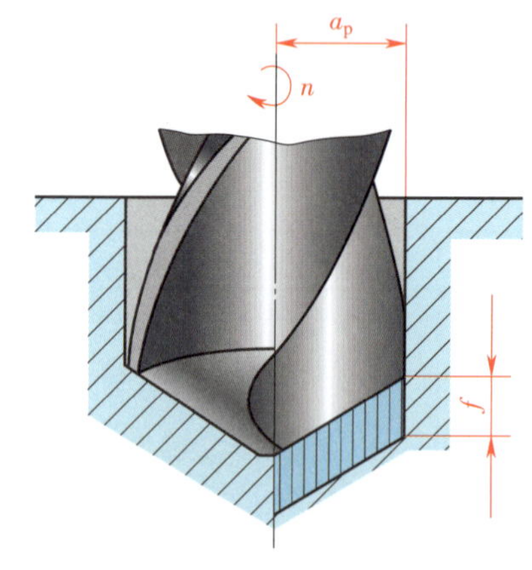

图 5–40 钻削用量

1）钻削时的切削速度（v_c）。指钻孔时钻头直径上一点的线速度。可由下式计算：

$$v_c=\frac{\pi dn}{1\,000}$$

式中 v_c——切削速度，m/min；

d——钻头直径，mm；

n——钻床主轴转速，r/min。

2）钻削时的进给量（f）。指主轴每转一周，钻头相对工件沿主轴轴线的相对移动量，单位是mm/r。

3）背吃刀量（a_p）。在通过切削刃基点并垂直于工作平面（工作平面：通过切削刃选定点，并同时包含主运动方向和进给运动方向的平面）的方向上测量的吃刀量，通常指已加工表面与待加工表面之间的垂直距离。钻削时，$a_p=d/2$。

（2）钻削用量的选择原则

钻孔时，由于背吃刀量已由钻头直径确定，所以只需选择切削速度和进给量。

对钻孔生产率的影响，切削速度 v_c 和进给量 f 是相同的；对钻头寿命的影响，切削速度 v_c 比进给量 f 大。对孔的表面粗糙度的影响，进给量 f 比切削速度 v_c 大。综合以上的影响因素，钻削用量的选用原则是：在允许范围内，尽量先选较大的进给量 f，当 f 受到表面粗糙度和钻头刚度的限制时，再考虑选较大的切削速度 v_c。

（3）钻削用量的选择方法

1）背吃刀量的选择。直径小于 30 mm 的孔可一次钻出，达到规定要求的孔径和孔深；直径为 30 ~ 80 mm 的孔可分为两次钻削，先用（0.5 ~ 0.7）D（D 为要求的孔径）的钻头钻底孔，然后用直径为 D 的钻头将孔扩大至要求尺寸。这样可以提高钻孔质量，减小轴向力，保护机床和刀具等。

2）进给量的选择。当孔的尺寸精度、表面质量要求较高时，应选较小的进给量；钻小孔、深孔时，由于钻头细而长，强度低，刚度低，易扭断，应选较小的进给量。

3）钻削速度的选择。当钻头的直径和进给量确定后，钻削速度应按钻头的使用寿命选取合理的数值，一般根据经验选取。孔较深时，应取较小的切削速度。

具体选择钻削用量时，应根据钻头直径、钻头材料、工件材料、加工精度和表面粗糙度等方面的要求合理选取。

3. 钻孔用切削液

钻孔一般属于粗加工，钻削过程中，钻头处于半封闭状态下工作，摩擦严重，散热困难。为了延长钻头的使用寿命和提高切削性能，应注入以冷却为主的切削液。

钻孔时由于加工材料和加工要求不同，所用切削液的种类和作用也不一样。钻孔用切削液见表 5-10。

表 5-10 钻孔用切削液

工件材料	切削液
各类结构钢	3% ~ 5% 乳化液、7% 硫化乳化液
不锈钢、耐热钢	3% 肥皂水加 2% 亚麻油水溶液、硫化切削油
紫铜、黄铜、青铜	5% ~ 8% 乳化液（也可不用）
铸铁	5% ~ 8% 乳化液、煤油（也可不用）

续表

工件材料	切削液
铝合金	5%～8% 乳化液、煤油、煤油与菜籽油的混合油（也可不用）
有机玻璃	5%～8% 乳化液、煤油

在高强度材料上钻孔时，钻头前面要承受较大的压力，为减少摩擦和钻削阻力，可在切削液中增加硫、二硫化钼等成分，如硫化切削油。

在塑性、韧性较大的材料上钻孔，要求加强润滑作用，在切削液中可加入适当的动物油和矿物油。

孔的精度要求较高和表面粗糙度值要求很小时，应选用主要起润滑作用的切削液，如菜籽油、猪油等。

4. 钻孔基本操作

（1）钻孔时工件的划线

按钻孔位置尺寸要求，划出孔的中心线，并在中心打上样冲眼，再按孔的大小划出孔的圆周线。钻削直径较大的孔时，应划出几个大小不等的检查圆（图 5-41a），以便钻孔时检查并校正钻孔位置。

当钻孔的位置精度要求较高时，可直接划出以孔中心线为对称中心的几个大小不等的方格（图 5-41b），作为钻孔时的检查线。然后将中心处的样冲眼冲大，以便准确落钻定心（图 5-42）。

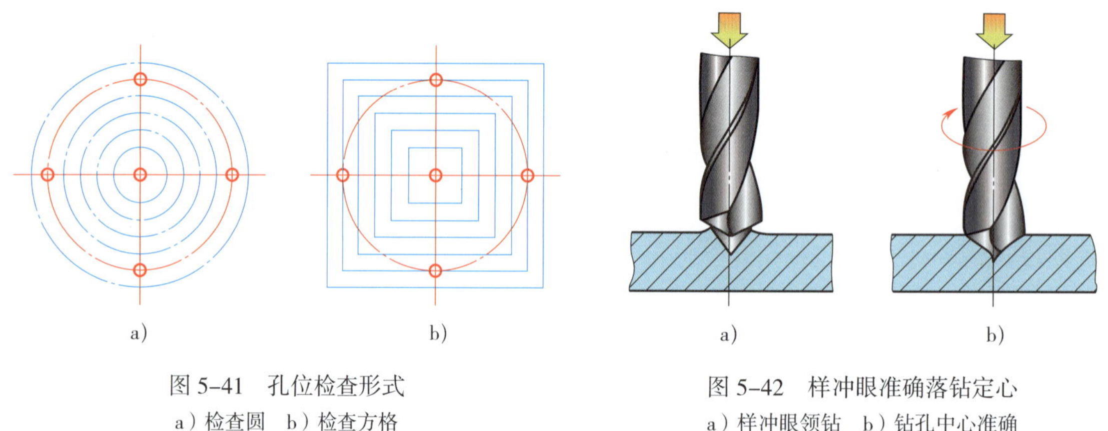

图 5-41 孔位检查形式
a）检查圆 b）检查方格

图 5-42 样冲眼准确落钻定心
a）样冲眼领钻 b）钻孔中心准确

（2）工件的装夹

1）平整的工件用平口钳装夹（图 5-43a）。装夹时，应使工件表面与钻头垂直。钻直径大于 8 mm 的孔时，平口钳须用螺栓、压板固定。钻通孔时工件底部应垫上垫铁，空出落钻部位，以免钻伤钳身。

2）圆柱形的工件用 V 形架装夹（图 5-43b）。钻孔时应使钻头轴线位于 V 形架的对称中心，按工件划线位置进行钻孔。

3）压板装夹。对钻孔直径较大或不使用平口钳装夹的工件，可用压板装夹（图 5-43c）。使用压板时应注意：

①压板厚度与压紧螺钉直径的比例要适当，不能使压板弯曲变形而影响压紧力。

②压紧螺钉应尽量靠近工件，垫铁应比压紧表面略高，以保证对工件有较大的压紧力和避免工件

在夹紧过程中移位。

③当压紧表面为已加工表面且需要保护时，要用衬垫保护，以防压出印痕。

4）卡盘装夹。方形工件钻孔，用四爪单动卡盘装夹（图 5-43d）；圆形工件端面钻孔，用三爪自定心卡盘装夹（图 5-43e）。

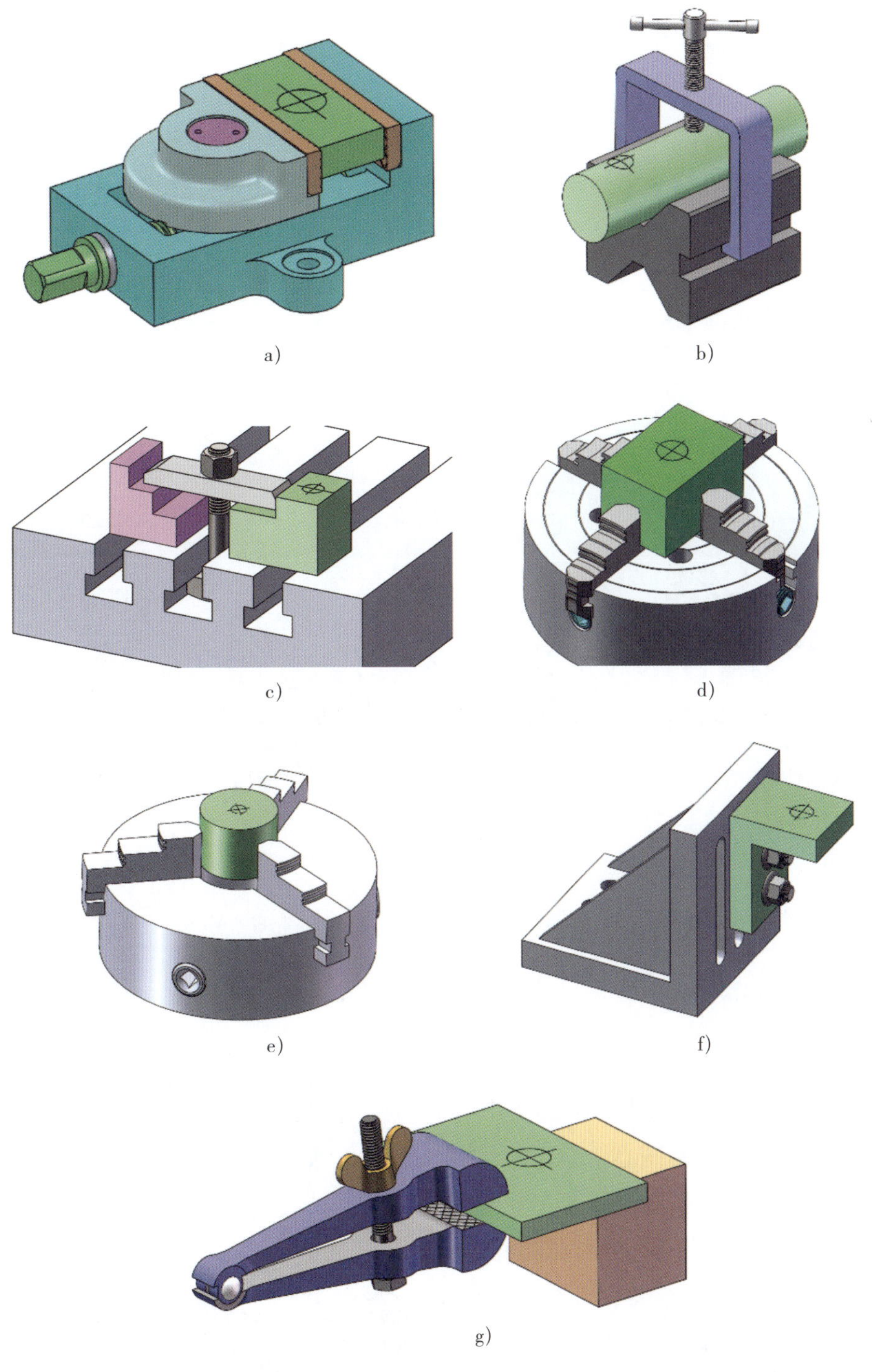

图 5-43 钻削工件的装夹

a）用平口钳装夹工件 b）用 V 形架装夹工件 c）用压板装夹工件 d）用四爪单动卡盘装夹 e）用三爪自定心卡盘装夹 f）用角铁装夹工件 g）用手虎钳装夹

5）角铁装夹。底面不平或加工基准在侧面的工件用角铁装夹（图 5–43f）。由于钻孔时的轴向力作用在角铁安装平面之外，因此角铁必须用压板固定在钻床工作台上。

6）手虎钳装夹。在小型工件或薄板件上钻小孔时，用手虎钳装夹（图 5–43g）。

（3）钻头的装拆

1）直柄钻头的装拆（图 5–44a）。直柄钻头用钻夹头夹持。先将钻头柄塞入钻夹头的三爪之内，其夹持长度不能小于 15 mm，然后用钻夹头钥匙旋转外套，使环形螺母带动三只卡爪移动，做夹紧或放松动作。

2）锥柄钻头的装拆（图 5–44b、c、d）。锥柄钻头的柄部锥体与钻床主轴锥孔直接连接，连接时必须将钻头锥柄及主轴锥孔擦干净，且使矩形舌部的长度方向与主轴的腰形孔中心线方向一致，利用加速冲力一次装接（图 5–44b）。当钻头锥柄小于主轴锥孔时，则需加过渡套连接（图 5–44c）。对钻头套内的钻头和钻床主轴上的钻头的拆卸，是用楔铁敲入钻头套或钻床主轴上的腰形孔内，楔铁的直边要放在上面，利用斜边的向下分力，使钻头与钻头套或钻床主轴分离（图 5–44d）。

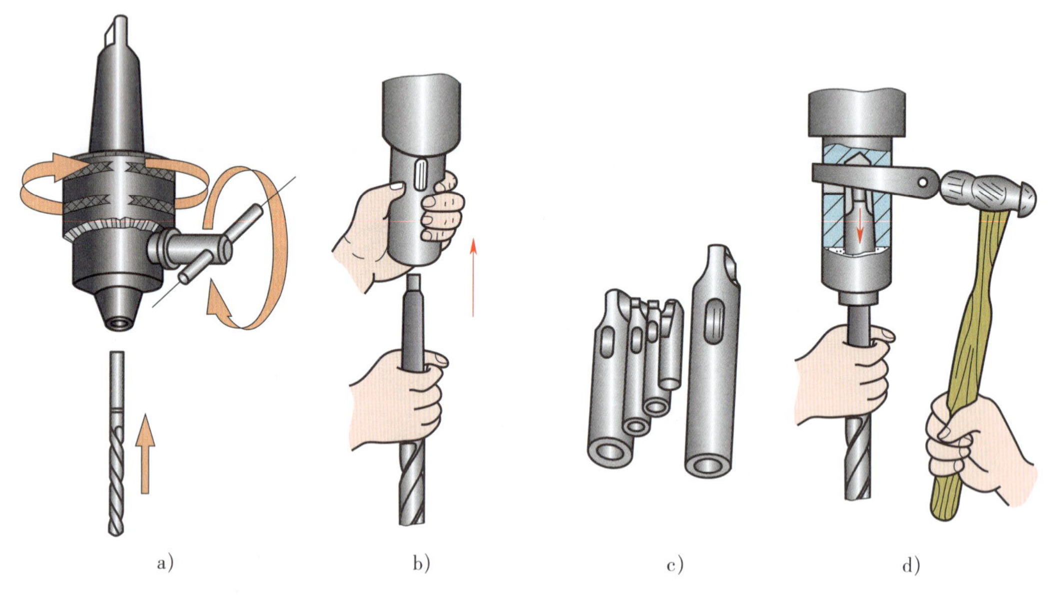

图 5–44　钻头的装拆

a）在钻夹头上装拆钻头　b）用钻床主轴锥孔装夹　c）过渡套　d）用楔铁拆下钻头

（4）钻孔

1）试钻。钻孔时，先使钻头对准划线中心，钻出浅坑，观察是否与划线圆同心，准确无误后，继续完成钻削。如钻出的浅坑与划线圆发生偏位，偏位较少的可在试钻的同时用力将工件向偏位的反方向推移，逐步借正；如偏位较多，可在借正方向上打上几个样冲眼（图 5–45a），或用油槽錾錾出几条小槽（图 5–45b），以减小此处的钻削阻力，达到借正目的。但无论何种方法，都必须在外圆小于钻头直径之前完成。如钻削孔距要求较高的孔

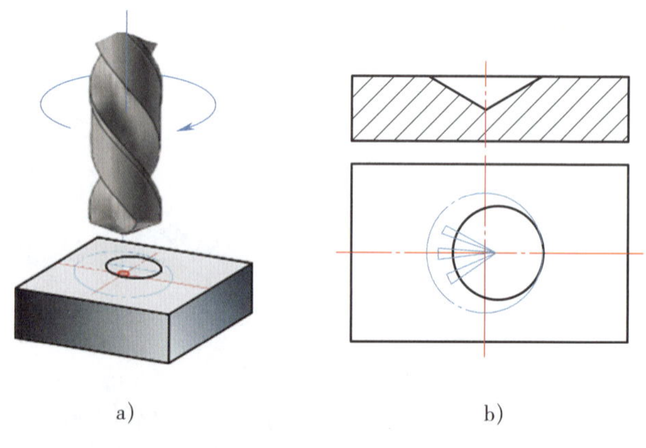

图 5–45　用样冲眼、錾槽来借正钻偏的孔

a）打样冲眼　b）錾槽

时，两孔要边试钻、边测量、边借正，不可先钻好一个孔再来借正第二孔的位置。

2）钻孔操作

①钻削通孔，当孔快要钻穿时，应减小进给力，以免发生“啃刀”，影响加工质量和折断钻头。

②钻不通孔时，应按钻孔深度调整好钻床上的挡块、深度标尺或采用其他控制措施，以免钻削过深或过浅，并注意排屑。

③通常，钻削深孔的钻削深度达到钻头直径 3 倍时，钻头应退出排屑，并注意冷却、润滑。

④钻 ϕ30 mm 以上的大孔，一般分成两次进行：第一次用 50% ~ 70% 孔径的钻头钻削，第二次用所需直径的钻头钻削。

⑤钻 ϕ1 mm 以下的小孔时，转速可选在 2 000 ~ 3 000 r/min，进给力小且平稳，不宜过大过快，防止钻头弯曲和滑移。应经常退出钻头排屑，并加注切削液。

⑥在斜面上钻孔时，可采用中心钻先钻底孔，或用铣刀在钻孔处铣削出小平面，或用钻套导向等方法进行。

5. 操作钻床时的注意事项

（1）操作钻床时严禁戴手套，清除切屑时尽量停车进行。

（2）开动钻床前，应检查是否有钻夹头钥匙或斜铁插在钻轴上。

（3）钻通孔时，工件下面必须垫上垫铁或使钻头对准工作台上的 T 形槽，以免损坏工作台。

（4）操作钻床时，操作者头部不准与旋转的主轴靠得太近，钻床变速前应先停车。

（5）工件要夹紧，孔将钻穿时要减小进给量。

（6）清洁钻床或加注润滑油时，必须切断电源。

6. 钻孔质量分析

钻孔时常见问题、产生原因及预防措施见表 5–11。

表 5–11　钻孔时常见问题、产生原因及预防措施

常见问题	产生原因	预防措施
孔径大于规定尺寸	1. 钻头两条主切削刃长度不等，高低不一致 2. 钻床主轴径向偏摆或工作台未锁紧，有松动 3. 钻头本身弯曲或未装夹好，使钻头有过大的径向跳动现象	1. 正确选择钻头或正确刃磨钻头 2. 钻削时应正确调整钻床，避免主轴径向偏摆，并将工作台锁紧 3. 选择未变形的钻头并正确装夹
孔壁粗糙	1. 钻头不锋利 2. 进给量太大 3. 切削液选用不当或供应不足 4. 钻头过短，排屑槽堵塞	1. 选择锋利的钻头或及时刃磨钻头 2. 钻削时，应根据钻削材料选择合适的进给量 3. 根据钻削材料，正确选择切削液，并加强冷却 4. 钻头过短时，应及时排屑
孔位偏移	1. 工件划线不正确 2. 钻头横刃太长，定心不准，起钻过偏而没有校正	1. 划线后要复核，划线误差过大时要及时纠正，打样冲眼要准 2. 正确刃磨钻头横刃，起钻要准

续表

常见问题	产生原因	预防措施
孔歪斜	1. 工件上与孔垂直的平面与主轴不垂直，或钻床主轴与工作台面不垂直 2. 装夹工件时，安装面上的切屑未清除干净 3. 工件装夹不牢，钻孔时产生歪斜 4. 进给量过大，使钻头产生弯曲变形 5. 钻孔处有砂眼，易产生孔歪斜	1. 起钻前要检查机床，并调整主轴与工作台面垂直 2. 装夹前，应及时清除工作台面切屑 3. 装夹工件要牢固，避免工件移动 4. 应根据钻削材料，控制进给量 5. 钻孔时避开工件上的砂眼，或避免毛坯出现砂眼
钻出孔呈多角形	钻头后角太大或钻头两条主切削刃长短不一，角度不对称	正确选用和刃磨钻头
钻头工作部分折断	1. 钻头用钝后仍继续钻孔 2. 钻孔时未经常退钻排屑，使切屑在钻头螺旋槽内阻塞 3. 孔将钻穿时没有减小进给量 4. 进给量过大 5. 工件未夹紧，钻孔时产生松动 6. 在钻黄铜类软金属时钻头后角过大，前角又没有修磨小，造成扎刀现象	1. 及时刃磨钻头 2. 钻孔要及时回退，及时断屑与排屑，避免切屑阻塞 3. 孔将钻穿时应减小进给量 4. 控制进给量 5. 将工件装夹牢固 6. 正确刃磨钻头
切削刃迅速磨损或碎裂	1. 切削速度太高 2. 没有根据工件材料的硬度来刃磨钻头角度 3. 工件表面或内部硬度高、有砂眼 4. 进给量过大 5. 切削液不足	1. 降低主轴转速 2. 根据工件材料正确刃磨钻头角度 3. 减小切削用量 4. 控制进给量 5. 充分供给切削液

二、扩孔

用扩孔工具扩大工件孔径的加工方法称为扩孔，如图 5-46 所示。

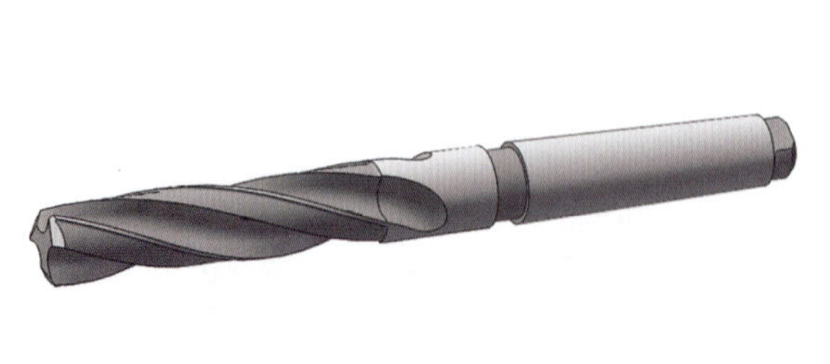

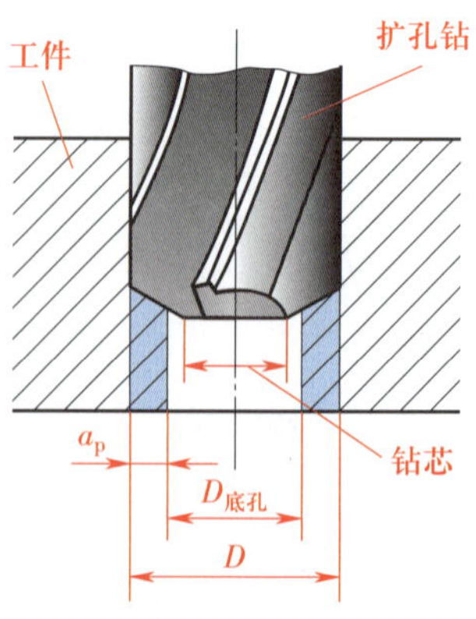

图 5-46　扩孔

由图可知，扩孔时背吃刀量 a_p 为：

$$a_p=\frac{D-D_{底孔}}{2}$$

式中　D——扩孔后的直径，mm；

$D_{底孔}$——扩孔前的直径，mm。

1. 扩孔的特点

（1）扩孔钻无横刃，避免了横刃切削所引起的不良影响。

（2）背吃刀量较小，产生的切屑体积小、切屑容易排出，不易擦伤已加工面。

（3）扩孔钻强度高、齿数多（整体式扩孔钻有 3～4 条切削刃），因而导向性好、切削稳定，可使用较大切削用量（进给量一般为钻孔的 1.5～2 倍，切削速度约为钻孔的 1/2），提高了生产效率。

（4）加工质量较高。一般尺寸精度等级可达 IT11～IT10，表面粗糙度 Ra 值可达 12.5～3.2 μm，常作为孔的半精加工及铰孔前的预加工。

2. 扩孔注意事项

（1）扩孔钻多用于成批大量生产。小批量生产常用麻花钻代替扩孔钻使用，此时，应适当减小钻头前角，以防止扩孔时扎刀。

（2）用麻花钻扩孔，扩孔前钻孔直径为要求孔径的 0.5～0.7 倍；用扩孔钻扩孔，扩孔前钻孔直径为要求孔径的 0.9 倍。

（3）钻孔后，在不改变工件与机床主轴相互位置的情况下，应立即换上扩孔钻进行扩孔，使钻头与扩孔钻的中心重合，保证加工质量。

三、锪孔

用锪钻在孔口表面锪出一定形状的孔或表面的加工方法称为锪孔。锪孔的目的是保证孔端面与孔中心线的垂直度，以便与孔连接的零件位置正确，连接可靠。锪孔的形式有锪柱形沉孔、锪锥形沉孔、锪凸台平面，如图 5–47 所示。

锪孔时刀具容易产生振动，使所锪出的端面或锥面出现振痕，特别是使用麻花钻改制的锪钻，振痕更为严重。为此在锪孔时应注意以下几点：

1. 锪孔时的进给量为钻孔的 2～3 倍，切削速度为钻孔的 1/3～1/2。精锪时可利用停车后的主轴惯性来锪孔，以减少振动而获得光滑表面。

2. 使用麻花钻改制锪钻时，尽量选用较短的麻花钻，并适当减小后角和外缘处前角，以防止扎刀和减少振动。

3. 锪钢件时，应在导柱和切削表面加切削液。

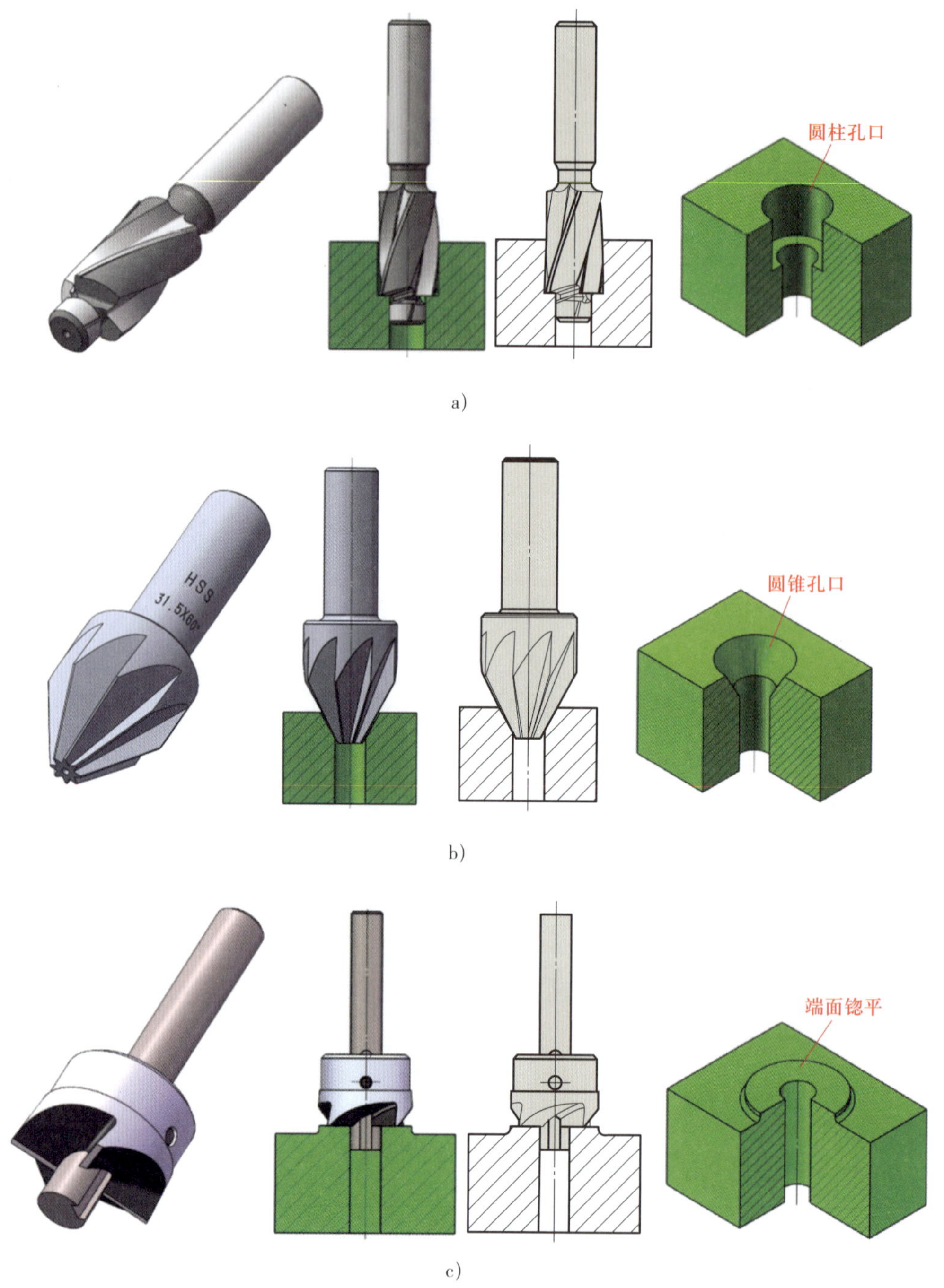

图 5-47 锪孔的形式

a）用柱形锪钻锪柱形沉孔 b）用锥形锪钻锪锥形沉孔 c）用端面锪钻锪凸台平面

四、铰孔

1. 铰孔的概念

用铰刀从工件孔壁上切除微量金属层，以提高其尺寸精度和表面质量的加工方法，称为铰孔。铰刀是精度较高的多刃刀具，具有切削余量小、导向性好、加工精度高等特点。铰孔尺寸精度一般在 IT9 ~ IT7 级，表面粗糙度 *Ra* 值一般在 3.2 ~ 0.8 μm。

2. 铰削用量

(1) 铰削余量

铰削余量是指上道工序完成后，在直径方向上留下的加工余量。

铰削余量既不能太大也不能太小。余量太大，会使刀齿切削负荷增大、变形增大，使铰出的孔尺寸精度降低，表面粗糙度值增大，同时加剧铰刀磨损；余量太小，上道工序的残留变形难以纠正，原有刀痕不能去除，铰削质量达不到要求。通常应考虑孔径大小、材料软硬、尺寸精度、表面粗糙度要求、铰刀类型及加工工艺等多种因素进行合理选择。一般粗铰余量为0.15～0.35 mm，精铰余量为0.1～0.2 mm。

用普通标准高速钢铰刀铰孔时，可参考表5–12选取铰削余量。

表5–12　铰削余量　mm

铰孔直径	＜5	5～20	21～32	33～50	51～70
铰削余量	0.1～0.2	0.2～0.3	0.3	0.5	0.8

(2) 机铰切削速度和进给量

使用普通标准高速钢机铰刀铰孔，切削速度和进给量的选用参考表5–13。

表5–13　机铰切削速度和进给量的选用

工件材料	切削速度 v_c /（m/min）	进给量 f/（mm/r）
钢	4～8	0.4～0.8
铸铁	6～10	0.5～1
铜或铝	8～12	1～1.2

铰削时一般要使用适当的切削液，以减小摩擦，降低工件与刀具温度，防止产生积屑瘤及工件和铰刀的变形或孔径扩大现象。

3. 铰孔的操作要点

(1) 工件要夹正，两手用力要均衡，铰刀不得摇摆，按顺时针方向扳动铰杠进行铰削，避免在孔口处出现喇叭口或将孔径扩大。

(2) 手铰时，要变换每次的停歇位置，以消除铰刀常在同一处停歇而造成的振痕。

(3) 铰孔时，不论进刀还是退刀都不能反转，以防止刃口磨钝及切屑卡在刀齿后面与孔壁之间，将孔壁划伤。

(4) 铰削钢件时，要注意经常清除粘在刀齿上的切屑。

(5) 铰削过程中如果铰刀被卡住，不能用力扳转铰刀，以防损坏，而应取出铰刀，待清除切屑、加注切削液后再行铰削。

(6) 机铰时，应使工件一次装夹进行钻、扩、铰，以保证孔的加工位置。铰孔完成后，要待铰刀退出后再停车，以防将孔壁拉出痕迹。

（7）铰尺寸较小的圆锥孔时，可先以小端直径按圆柱孔精铰余量钻出底孔，然后用锥铰刀铰削。对尺寸和深度较大的圆锥孔，为减小切削余量，铰孔前可先钻出阶梯孔，如图 5–48 所示。然后再用锥铰刀铰削，铰削过程中要经常用相配的锥销来检查铰孔尺寸，如图 5–49 所示。

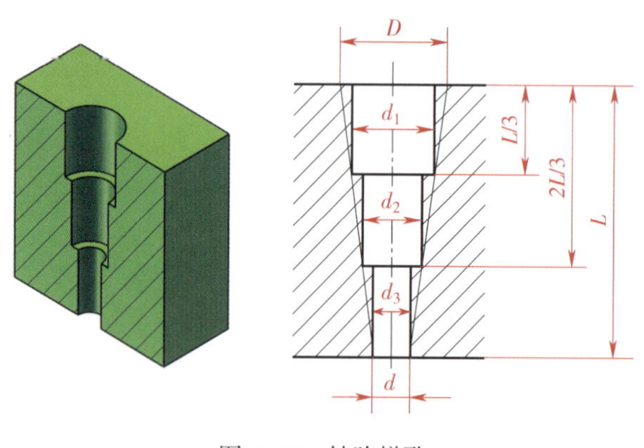

图 5–48　钻阶梯孔

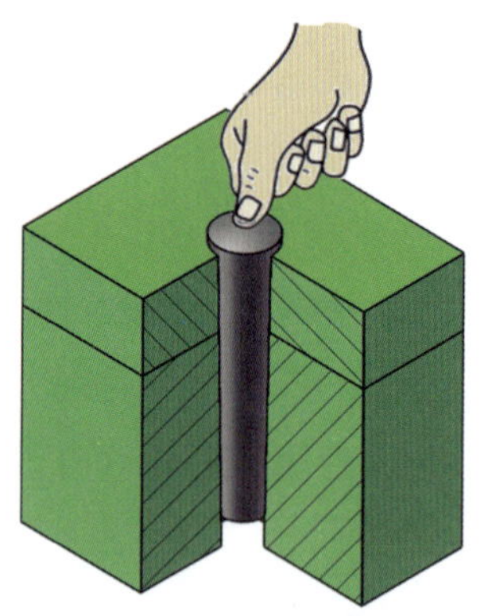
图 5–49　用锥销检查铰孔尺寸

小提示

（1）铰刀是精加工刀具，刀刃较锋利，刀刃上如有毛刺或切屑黏附，不可用手清除，应用油石小心地磨去。

（2）铰削通孔时，防止铰刀掉落造成损伤。

（3）铰孔后孔径有时可能收缩或扩张。最好通过试铰，按实际情况修正铰刀直径。

4. 手工铰孔质量分析

手工铰孔时常见问题、产生原因及预防措施见表 5–14。

表 5–14　**手工铰孔时常见问题、产生原因及预防措施**

常见问题	产生原因	预防措施
孔径增大，误差大	1. 铰刀的质量问题，如外径尺寸偏大或铰刀刃口有毛刺 2. 切削速度过高 3. 进给量不当或加工余量过大 4. 铰刀弯曲 5. 铰刀刃口上黏附着切屑瘤 6. 切削液选择不合适 7. 铰孔时两手用力不均匀，使铰刀左右晃动	1. 选择符合要求的铰刀 2. 降低切削速度 3. 适当调整进给量或减小加工余量 4. 更换铰刀 5. 去除铰刀刃口上黏附的切屑瘤 6. 选择冷却性能较好的切削液 7. 铰孔时两手用力尽量均匀，尽量不使铰刀左右晃动
孔径缩小	1. 铰刀的质量问题，铰刀外径尺寸已磨损减小 2. 切削速度过低 3. 进给量过大 4. 切削液选择不合适 5. 铰钢件时，余量太大或铰刀不锋利，易产生弹性恢复，使孔径缩小	1. 更换铰刀 2. 适当提高切削速度 3. 适当降低进给量 4. 选择润滑性能好的油性切削液 5. 设计铰刀尺寸时，应考虑上述因素，或根据实际情况取值

续表

常见问题	产生原因	预防措施
铰出的内孔不圆	铰孔时两手用力不均匀，使铰刀左右晃动	铰孔时两手用力尽量均匀，尽量不使铰刀左右晃动
内孔表面粗糙	1. 切削速度过快 2. 切削液选择不合适 3. 铰孔余量太大 4. 铰孔余量不均匀或太小，局部表面未铰到 5. 铰刀刃口不锋利，表面粗糙 6. 铰刀刃带过宽 7. 铰孔时排屑不畅 8. 铰刀过度磨损 9. 铰刀碰伤，刃口留有毛刺或崩刃 10. 刃口有切屑瘤 11. 由于材料关系，不适用于零度前角或负前角铰刀	1. 降低切削速度 2. 根据加工材料选择切削液 3. 适当减小铰孔余量 4. 提高铰孔前底孔位置精度与质量或增加铰孔余量 5. 选用合格铰刀 6. 修磨刃带宽度 7. 及时清除切屑 8. 定期更换铰刀或及时刃磨铰刀 9. 在使用及运输过程中，应采取保护措施，避免铰刀碰伤 10. 及时清除切屑瘤 11. 用油石修整到合格，采用前角 5° ~ 10°的铰刀
铰刀刀齿崩刃	1. 铰孔余量过大 2. 工件材料硬度过高 3. 切削时用力不均匀 4. 铰深孔或盲孔时，切屑太多，又未及时清除 5. 刃磨时刀齿已磨裂	1. 减小铰孔余量 2. 降低材料硬度或改用负前角铰刀或硬质合金铰刀 3. 切削时用力均匀 4. 铰深孔或盲孔时，及时清除切屑 5. 注意刃磨质量
铰刀柄部折断	1. 铰孔余量过大 2. 铰锥孔时，粗精铰削余量分配及切削用量选择不合适	1. 修改预加工的孔径尺寸 2. 修改余量分配，合理选择切削用量

第六节　螺纹加工

螺纹的加工方法很多，钳工在装配与机修工作中常用的加工方法是攻螺纹和套螺纹。

一、攻螺纹

用丝锥在孔中切削出内螺纹的加工方法称为攻螺纹。

1. 攻螺纹前底孔直径与底孔深度的确定

（1）攻螺纹前底孔直径的确定

攻螺纹时，丝锥对金属层有较强的挤压作用，使攻出螺纹的小径小于底孔直径，此时，如果螺纹牙顶与丝锥牙底之间没有足够的材料变形空间，丝锥就会被挤压出来的材料箍住，易造成崩刃、折断和螺纹烂牙。因此攻螺纹之前的底孔直径应稍大于螺纹小径，如图 5-50a 所示。一般应根据工件材料的塑性大小来考虑，使攻螺纹时既有足够的空隙容纳被挤出的材料，又能保证加工出来的螺纹具有完整的牙型。

1）攻制钢件或塑性较大材料时，底孔直径的计算公式为：

$$D_{孔}=D-P$$

式中 $D_{孔}$——螺纹底孔直径，mm；

D——螺纹公称直径，mm；

P——螺距，mm。

2）攻制铸铁件或塑性较小材料时，底孔直径的计算公式为：

$$D_{孔}=D-(1.05\sim1.1)P$$

（2）攻螺纹前底孔深度的确定

攻盲孔螺纹时，由于丝锥切削部分不能攻出完整的螺纹牙型，所以底孔深度要大于螺纹有效长度，如图 5-50b 所示。

底孔深度的计算公式为：

$$H=h+0.7D$$

式中 H——底孔深度，mm；

h——螺纹有效长度，mm；

D——螺纹公称直径，mm。

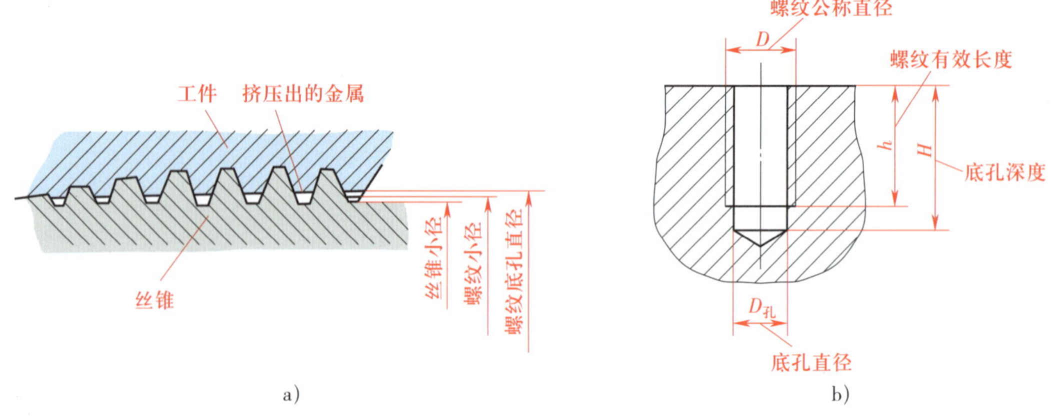

图 5-50 螺纹底孔直径与底孔深度的确定

a）底孔直径 b）底孔深度

2. 攻螺纹的基本操作

（1）攻螺纹前要对底孔孔口进行倒角（通孔两端孔口都要倒角），如图 5-51 所示，且倒角处的直径应略大于螺纹公称直径，便于丝锥起攻时切入材料，并能防止孔口处被挤压出凸边。

（2）装夹工件时应尽量使螺孔中心线置于垂直或水平位置，便于攻螺纹时判断丝锥轴线是否垂直于工件的平面。

（3）起攻时，要把丝锥在孔口上放正，然后对丝锥施加压力并转动铰杠，如图 5-52 所示，当丝锥切入 1 ~ 2 圈后，应及时检查并校正丝锥的位置，如图 5-53 所示。检查应在丝锥的前后左右方向上进行。一般在切入 3 ~ 4 圈后，丝锥的位置应正确无误，不能再有明显的偏斜和强行纠正。

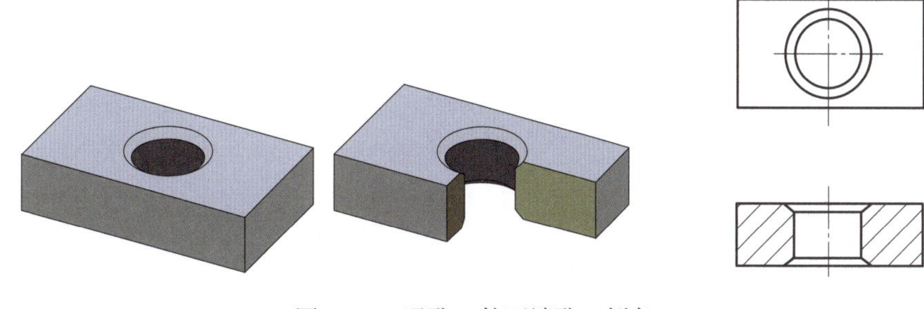

图 5-51 通孔工件两端孔口倒角

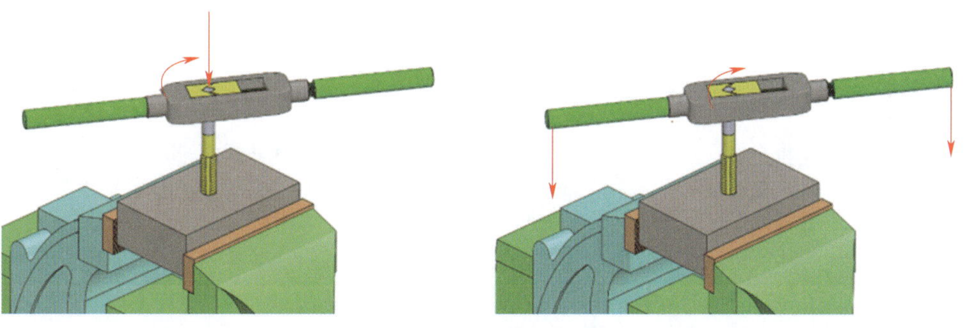

图 5-52 起攻方法

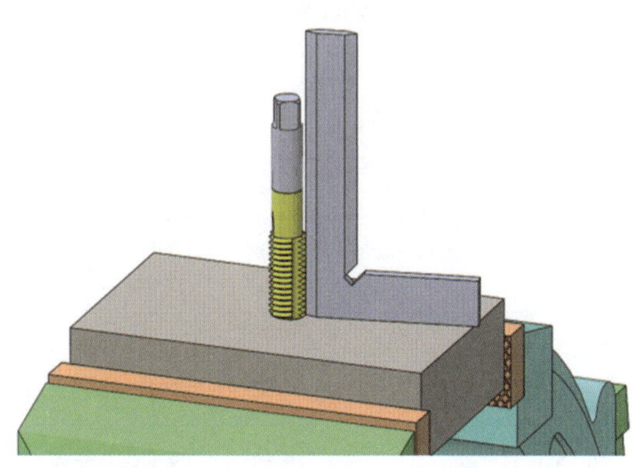

图 5-53 检查丝锥攻螺纹的垂直度

（4）当丝锥的切削部分全部切入工件后，只需转动铰杠即可，不能再对丝锥施加压力，否则螺纹牙型将被破坏。攻螺纹时，要经常正转 1/2～1 圈后，倒转 1/4～1/2 圈，使切屑断碎后容易排出，避免因切屑阻塞而使丝锥卡死，如图 5-54 所示。

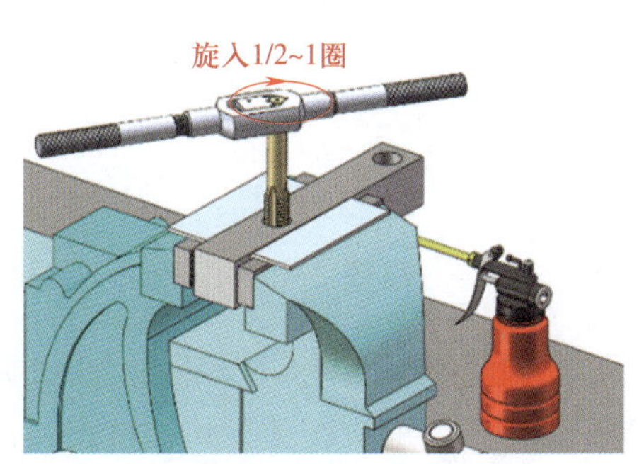

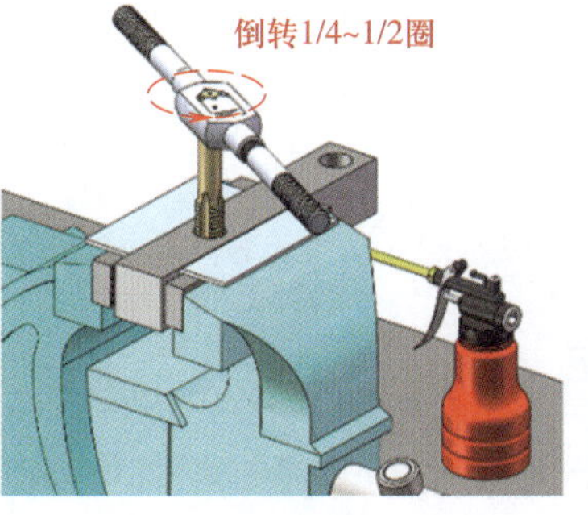

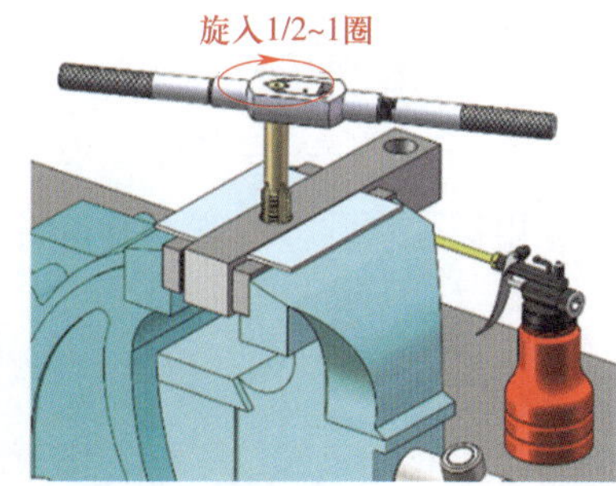

图 5-54 攻螺纹的方法

（5）攻盲孔时，要经常退出丝锥，排出孔内的切屑，否则会因切屑阻塞使丝锥折断或达不到螺纹深度要求。当工件不便翻转时，可用磁性针棒吸出切屑。

（6）攻塑性材料的螺孔时，要加注切削液。

（7）用成组丝锥攻螺纹时，必须按头攻、二攻、三攻的顺序攻削至标准尺寸。

（8）攻螺纹过程中换用丝锥时，要用手先将丝锥旋入已攻出的螺纹中，再用铰杠扳转丝锥。

3. 攻螺纹质量分析

攻螺纹时常见问题、产生原因及预防措施见表 5–15。

表 5–15　攻螺纹时常见问题、产生原因及预防措施

常见问题	产生原因	预防措施
螺纹乱牙	1. 底孔太小 2. 后一支丝锥没有旋合好 3. 歪斜后强行纠正 4. 塑性材料未加切削液 5. 丝锥磨钝	1. 正确计算底孔直径 2. 后一支丝锥正确旋合 3. 攻螺纹时，避免丝锥歪斜 4. 加工塑性材料时，加注切削液 5. 及时更换磨钝的丝锥
螺纹滑牙	1. 攻盲孔的较小螺纹时，到孔底后仍继续攻螺纹 2. 攻强度低或小孔径螺纹时，已切出螺纹仍轴向加压 3. 未加适当切削液或未倒转断屑	1. 攻盲孔的较小螺纹时，应控制深度，避免到孔底后继续攻螺纹 2. 当丝锥已经切出螺纹后，应立即停止加压，避免继续对丝锥施加压力 3. 加注适当的切削液，并及时倒转断屑
螺纹歪斜	1. 位置不正，起攻时未及时检查垂直度 2. 孔口倒角不好，两手用力不均，切入时歪斜	1. 攻螺纹时，位置正确，起攻后及时检查垂直度 2. 正确进行孔口倒角，两手用力均匀，切入时避免歪斜
螺纹牙型不完整	1. 底孔直径太大 2. 丝锥磨损	1. 正确计算底孔直径 2. 及时更换已经磨损的丝锥
丝锥崩牙或折断	1. 材料中夹杂硬物 2. 断屑排屑不良，孔已到底仍继续攻 3. 歪斜、单边受力或强行纠正 4. 两手用力不均或用力过猛 5. 丝锥磨钝，阻力太大 6. 底孔直径太小 7. 铰杠使用不当	1. 选择不夹杂硬物的材料 2. 及时断屑排屑，控制攻螺纹深度 3. 避免歪斜、单边受力和强行纠正 4. 双手均匀用力，避免用力过猛 5. 及时更换磨钝的丝锥 6. 正确计算底孔直径 7. 正确使用铰杠

二、套螺纹

用板牙在圆杆或管子上切削出外螺纹的加工方法称为套螺纹。

1. 套螺纹时圆杆直径的确定

与用丝锥攻螺纹一样，用板牙在工件上套螺纹时，材料同样因受到挤压而变形，牙顶将被挤高一些，因此圆杆直径应稍小于螺纹大径的尺寸。圆杆直径可用下列经验公式来计算确定：

$$d_{杆}=d-0.13P$$

式中　$d_{杆}$——圆杆直径，mm；

d——螺纹大径，mm；

P——螺距，mm。

为了使板牙起套时容易切入工件并正确引导，圆杆端部要倒角（图 5-55）。其倒角的最小直径可略小于螺纹小径，避免螺纹端部出现锋口和卷边。

2. 套螺纹的方法

（1）套螺纹时切削扭矩很大，易损坏圆杆的已加工面，所以应使用硬木制的 V 形槽衬垫或用厚铜板作保护片来夹持工件，如图 5-56 所示。工件伸出钳口的长度，在不影响螺纹要求长度的前提下，应尽量短。

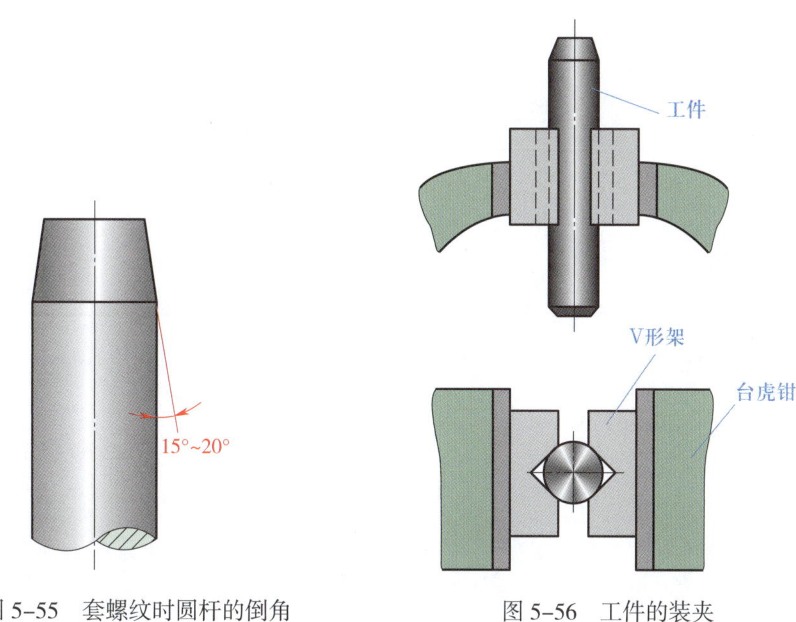

图 5-55　套螺纹时圆杆的倒角　　图 5-56　工件的装夹

（2）起套方法与攻螺纹起攻方法一样，用一手的手掌按住板牙架中部，沿圆杆轴向施加压力，另一手配合做顺向切进，转动要慢，压力要大，并保证板牙端部与圆杆轴线的垂直度，不能歪斜。在板牙切入圆杆 2 ~ 3 牙时，应及时检查其垂直度并准确校正。

（3）正常套螺纹时，不要加压，让板牙自然引进，以免损坏螺纹和板牙，并经常倒转以断屑。

（4）在套螺纹时，要加切削液，以减小加工螺纹的表面粗糙度值和延长板牙的使用寿命。

3. 套螺纹质量分析

套螺纹时常见问题、产生原因及预防措施见表 5-16。

表 5–16　套螺纹时常见问题、产生原因及预防措施

常见问题	产生原因	预防措施
烂牙	1. 对塑性好的材料套螺纹时，未加注切削液，板牙把工件上的螺纹粘去一部分 2. 套螺纹时板牙一直不回转，切屑堵塞，把螺纹啃坏 3. 被加工的圆杆直径太大 4. 板牙歪斜太多，在找正时造成烂牙	1. 对塑性材料套螺纹时一定要加适合的切削液 2. 板牙正转 1 ~ 1.5 圈后，就要反转 0.25 ~ 0.5 圈，使切屑撕裂 3. 把圆杆直径加工到合适的尺寸 4. 套螺纹时板牙端面要与圆杆轴线垂直，并经常检查。发现歪斜，要及时纠正
螺纹对圆杆歪斜，螺纹一边深一边浅	1. 圆杆端头倒角没倒好，使板牙端面与圆杆不垂直 2. 用板牙套螺纹时，两手用力不均匀，使板牙端面与圆杆不垂直	1. 圆杆端部要按图 5–55 所示倒角，四周斜角要大小一样 2. 套螺纹时两手用力要均匀，要经常检查板牙端面与圆杆是否垂直，并及时纠正
螺纹中径太小（齿牙太瘦）	1. 套螺纹时板牙架摆动，不得不多次找正，造成螺纹中径变小 2. 板牙切入圆杆后，还用力压板牙架 3. 活动板牙、开口后的板牙尺寸调节太小	1. 套螺纹时，板牙架要握稳 2. 板牙切入后，只要均匀使板牙旋转即可，不能再加力下压 3. 活动板牙、开口后的板牙要用样柱调整好尺寸
螺纹太浅	圆杆直径太小	圆杆直径按经验公式计算

中篇

数字资源

第一部分 钳工常用设备

一、常用设备的结构及工作原理

序号	资源名称	内容介绍	资源类型	二维码
1	台虎钳的结构与工作原理	通过动画演示固定式和回转式台虎钳的组成结构和工作原理	演示动画	
2	台式钻床的结构与工作原理	通过动画演示台式钻床的外形结构与传动机构的工作原理	演示动画	
3	台式钻床进给机构	通过动画演示台式钻床进给机构的传动原理	演示动画	
4	Z3050×16（Ⅰ）型摇臂钻床主轴的操作	通过动画演示 Z3050×16（Ⅰ）型摇臂钻床主轴的正转、停车、变速、空挡等操作	演示动画	

二、常用设备的使用方法

序号	资源名称	内容介绍	资源类型	二维码
1	台虎钳的操作	通过视频介绍台虎钳的类型及特点、台虎钳钳口夹紧和松开、回转式台虎钳转位与固定的操作方法及使用台虎钳的注意事项	操作视频	
2	砂轮机的使用	通过视频介绍操作者使用砂轮机时的站位及姿势、刃磨刀具时操作者与砂轮机的相对位置等	操作视频	

第二部分 钳工常用工具

一、常用工具的结构及工作原理

序号	资源名称	内容介绍	资源类型	二维码
1	划线盘的结构及调整	通过动画演示划线盘的组成结构及划针的调整方法	演示动画	
2	划规的结构及调整	通过动画演示弹簧划规和扇形划规的结构及两脚之间距离或角度的调整	演示动画	
3	长划规的结构及调整	通过动画演示长划规的结构、划线方法及两脚之间距离的调整	演示动画	
4	千斤顶的结构及调整	通过动画演示千斤顶的结构及高度调整的方法	演示动画	
5	可调节手用铰刀的结构及调节	通过动画演示可调节手用铰刀的结构及调节部分的调节方法	演示动画	
6	端面锪钻的结构及拆装	通过动画演示端面锪钻的结构及刀头的拆装	演示动画	
7	可调式板牙的结构及调节	通过动画演示可调式板牙的结构及调节螺钉的调节方法	演示动画	
8	活扳手的结构与工作原理	通过动画演示活扳手的结构组成及活络口的工作原理	演示动画	

二、常用工具的使用方法

序号	资源名称	内容介绍	资源类型	二维码
1	固定式锯弓的结构及应用	通过动画演示固定式锯弓的结构及锯条的装卸方法	演示动画	
2	可调式锯弓的结构及应用	通过动画演示可调式锯弓的结构及锯条的拆装方法	演示动画	
3	麻花钻顶角的检测	通过动画演示用角度尺检测麻花钻顶角的方法	演示动画	

第三部分　钳工常用测量器具

一、长度测量器具

1. 常用长度测量器具的结构及工作原理

序号	资源名称	内容介绍	资源类型	二维码
1	Ⅰ型游标卡尺的结构	通过动画演示Ⅰ型游标卡尺的游标尺、主尺等组成结构	演示动画	
2	Ⅱ型游标卡尺的结构及应用	通过动画演示Ⅱ型游标卡尺的组成结构及测量长度、外径、槽宽、内径等的方法	演示动画	
3	Ⅲ型游标卡尺的结构	通过动画演示Ⅲ型游标卡尺的游标尺、微动装置等组成结构	演示动画	
4	Ⅳ型游标卡尺的结构	通过动画演示Ⅳ型游标卡尺的结构及尺框的移动	演示动画	
5	游标高度卡尺的结构	通过动画演示游标高度卡尺的结构及尺框的上下移动	演示动画	
6	游标深度卡尺的结构	通过动画演示游标深度卡尺的游标尺的具体结构及其移动	演示动画	
7	游标卡尺的结构及应用	通过动画演示游标卡尺的游标尺、深度量爪等组成结构，以及测量长度、外径、内孔、深度的方法	演示动画	
8	带表卡尺的结构	通过动画演示带表卡尺的结构和指针的旋转原理	演示动画	
9	0 ~ 25 mm 外径千分尺的结构	通过动画演示 0 ~ 25 mm 外径千分尺的测微螺杆、棘轮等组成结构及工作原理	演示动画	
10	25 ~ 50 mm 外径千分尺的结构	通过动画演示 25 ~ 50 mm 外径千分尺的测微螺杆、棘轮等组成结构及工作原理	演示动画	
11	外径千分尺校零方法	通过动画演示 0 ~ 25 mm 和 25 ~ 50 mm 外径千分尺的校零方法	演示动画	

续表

序号	资源名称	内容介绍	资源类型	二维码
12	卡规的应用	通过动画演示卡规的结构及工作原理	演示动画	
13	塞尺的结构	通过动画演示塞尺的结构及规格	演示动画	
14	半径样板的结构及应用	通过动画演示半径样板的结构及测量圆弧半径大小的方法	演示动画	
15	百分表的结构	通过动画演示百分表的结构及指针的旋转原理	演示动画	
16	内径百分表的结构	通过动画演示内径百分表的结构及指针的旋转原理	演示动画	
17	杠杆百分表的结构	通过动画演示杠杆百分表的结构及指针的旋转原理	演示动画	

2. 常用长度测量器具的使用方法

序号	资源名称	内容介绍	资源类型	二维码
1	游标卡尺的使用	通过视频介绍游标卡尺的适用精度范围、使用方法、注意事项以及游标卡尺的读数方法	操作视频	
2	应用游标卡尺测量长度尺寸的方法	通过视频介绍应用游标卡尺测量外径、内径和深度的操作方法及动作要领	操作视频	
3	数显卡尺的使用	通过视频介绍应用数显卡尺测量外径、内径和深度的操作方法及动作要领	操作视频	
4	外径千分尺校零	通过视频分别介绍 0 ~ 25 mm 和 25 ~ 50 mm 的千分尺校零的具体操作方法及动作要领	操作视频	
5	千分尺的使用	通过视频介绍千分尺的适用精度范围、规格选用、校零方法以及千分尺的读数方法	操作视频	
6	数显千分尺的使用方法	通过视频介绍数显千分尺的结构、校零方法及使用注意事项	操作视频	

二、角度测量器具

1. 常用角度测量器具的结构及工作原理

序号	资源名称	内容介绍	资源类型	二维码
1	Ⅰ型（0°～320°）游标万能角度尺的结构	通过动画演示Ⅰ型游标万能角度尺的结构、组成及工作原理	演示动画	
2	应用游标万能角度尺测量0°～50°范围内的角度	通过动画演示应用游标万能角度尺测量0°～50°范围内角的组合形式和操作方法	演示动画	
3	应用游标万能角度尺测量50°～140°范围内的角度	通过动画演示应用游标万能角度尺测量50°～140°范围内角的组合形式和操作方法	演示动画	
4	应用游标万能角度尺测量140°～230°范围内的角度	通过动画演示应用游标万能角度尺测量140°～230°范围内角的组合形式和操作方法	演示动画	
5	应用游标万能角度尺测量230°～320°范围内的角度	通过动画演示应用游标万能角度尺测量230°～320°范围内角的组合形式和操作方法	演示动画	
6	正弦规的结构	通过动画演示正弦规的结构与组成	演示动画	

2. 常用角度测量器具的使用方法

序号	资源名称	内容介绍	资源类型	二维码
1	直角尺的使用方法	通过视频介绍直角尺的种类、测量方法和操作注意事项	操作视频	
2	正弦规的使用方法	通过动画演示应用正弦规测量角度的方法	演示动画	

三、几何误差和表面结构质量测量器具

序号	资源名称	内容介绍	资源类型	二维码
1	用刀口形直尺测量平面度的方法	通过视频介绍刀口形直尺的用途、测量原理、平面度的测量方法及操作要领	操作视频	
2	表面粗糙度比较样块的使用	通过视频介绍表面粗糙度比较样块的使用方法、注意事项及保养	操作视频	

第四部分　钳工基本操作

一、划线

序号	资源名称	内容介绍	资源类型	二维码
1	平面划线	通过视频介绍平面划线的概念，并通过实例介绍平面划线操作步骤及要领	操作视频	
2	立体划线	通过视频介绍立体划线的概念，并通过实例介绍立体划线操作步骤及要领	操作视频	
3	开瓶器的划线演示	通过动画演示开瓶器的划线操作过程	演示动画	
4	錾口手锤的划线演示	通过动画演示錾口手锤的划线操作过程	演示动画	

二、錾削

1. 錾削工具的使用方法

序号	资源名称	内容介绍	资源类型	二维码
1	挥锤方法	通过视频介绍挥锤方法及动作要领	操作视频	
2	锤子的使用方法	通过视频介绍锤子的握法及动作要领	操作视频	
3	錾子的握法	通过视频介绍錾子的握法、动作要领及注意事项	操作视频	
4	錾子的刃磨方法	通过视频介绍錾子的结构、刃磨方法和注意事项	操作视频	

2. 錾削方法

序号	资源名称	内容介绍	资源类型	二维码
1	錾削姿势	通过视频介绍錾削时的站立姿势和挥锤动作	操作视频	
2	起錾方法	通过视频介绍錾削时的起錾方法及操作要领	操作视频	
3	錾到尽头时的錾削方法	通过视频介绍錾到尽头时的錾削操作方法	操作视频	

三、锯削

1. 锯削工具的使用方法及姿势动作

序号	资源名称	内容介绍	资源类型	二维码
1	锯条的安装方法	通过视频介绍手锯的结构和分类、锯条的安装方法和注意事项	操作视频	
2	锯削的姿势和动作	通过视频介绍锯削时的站立姿势及动作要领	操作视频	

2. 锯削方法

序号	资源名称	内容介绍	资源类型	二维码
1	锯削	通过视频介绍锯削的概念、锯削姿势及动作要领	操作视频	
2	起锯方法	通过视频介绍起锯的方法、操作要领及注意事项	操作视频	
3	锯削过程	通过视频介绍锯削过程中的操作要领	操作视频	
4	管子的夹持和锯削	通过视频介绍锯削管子的步骤、装夹方法及操作要领	操作视频	
5	薄板料的锯削方法	通过视频介绍薄板料的特征及锯条的选择，薄板料的锯削方法、装夹方法及锯削操作要领	操作视频	
6	深缝的锯削	通过视频介绍深缝锯削的特点及锯削方法，每种锯削方法的具体操作要领及注意事项	操作视频	

四、锉削

1. 锉削工具的使用方法

序号	资源名称	内容介绍	资源类型	二维码
1	锉刀的握法	通过视频介绍不同规格的锉刀在锉削时的握法及操作要领	操作视频	
2	锉刀柄的装拆	通过视频介绍锉刀的组成、锉刀柄的作用及种类，锉刀柄安装前的检查、锉刀柄的装拆方法及注意事项	操作视频	

2. 锉削方法

序号	资源名称	内容介绍	资源类型	二维码
1	平面锉削方法	通过视频介绍平面锉削的类型、操作方法、适用场合及注意事项	操作视频	
2	推锉	通过视频介绍推锉动作要领、特点和使用场合	操作视频	
3	锉削动作	通过视频介绍锉削不同阶段身体的姿势和动作	操作视频	
4	锉削时两手用力的变化	通过视频介绍锉削时两手用力的变化情况	操作视频	
5	外圆弧面的锉削	通过视频介绍外圆弧面锉削时的锉削方法、动作要领及注意事项	操作视频	
6	内圆弧面的锉削	通过视频介绍内圆弧面锉削时的锉削方法、动作要领及注意事项	操作视频	

五、孔加工

1. 孔加工工具的使用方法

序号	资源名称	内容介绍	资源类型	二维码
1	麻花钻的装夹	通过视频介绍在钻床上装拆直柄和锥柄麻花钻的方法及注意事项	操作视频	
2	麻花钻的刃磨	通过视频介绍麻花钻的刃磨方法、操作要领及注意事项	操作视频	

2. 孔加工方法

序号	资源名称	内容介绍	资源类型	二维码
1	钻孔	通过视频介绍钻孔的概念、钻孔前的准备工作以及钻孔操作要领	操作视频	
2	用柱形锪钻锪圆柱形沉孔	通过动画演示用柱形锪钻锪圆柱形沉孔的方法	演示动画	
3	用锥形锪钻锪锥形沉孔	通过动画演示用锥形锪钻锪锥形沉孔的方法	演示动画	
4	用端面锪钻锪凸台平面	通过动画演示用端面锪钻锪凸台平面的方法	演示动画	

六、螺纹加工

序号	资源名称	内容介绍	资源类型	二维码
1	起攻方法	通过视频介绍起攻时的操作方法和动作要领	操作视频	
2	攻螺纹的方法	通过视频介绍用丝锥在工件上攻螺纹的操作方法及注意事项	操作视频	
3	套螺纹的方法	通过视频介绍用板牙套螺纹的操作方法及注意事项	操作视频	

第五部分　工作页任务

一、开瓶器的制作

序号	名称	内容介绍	资源类型	二维码
1	开瓶器的制作	通过微课介绍开瓶器制作的工艺过程	微课	
2	开瓶器 – 毛坯尺寸检查	通过视频展示检查开瓶器毛坯尺寸的操作方法	操作视频	
3	开瓶器的划线	通过视频展示划开瓶器的轮廓线的操作方法	操作视频	
4	开瓶器的锯削	通过视频展示锯削开瓶器余料的操作方法	操作视频	
5	开瓶器的钻削	通过视频展示钻开瓶器上不同孔的操作方法	操作视频	
6	开瓶器的錾削	通过视频展示錾削开瓶器内部余料的操作方法	操作视频	
7	开瓶器 – 锉削内轮廓	通过视频展示锉削开瓶器内轮廓的操作方法	操作视频	
8	开瓶器 – 锉削外轮廓	通过视频展示锉削开瓶器外轮廓的操作方法	操作视频	

二、錾口手锤的制作

序号	名称	内容介绍	资源类型	二维码
1	錾口手锤的制作	通过微课介绍錾口手锤制作的工艺过程	微课	
2	錾口手锤 – 毛坯尺寸检查	通过视频介绍检查錾口手锤毛坯尺寸的操作方法	操作视频	
3	长方体加工边界的划线	通过视频介绍划长方体加工边界线的操作方法	操作视频	

续表

序号	名称	内容介绍	资源类型	二维码
4	将毛坯锯削、粗锉成长方体	通过视频介绍将毛坯锯削、粗锉成长方体的操作方法	操作视频	
5	精锉成长方体	通过视频介绍精锉长方体的操作方法	操作视频	
6	长方体的尺寸、几何误差检测	通过视频介绍检测长方体的尺寸、几何误差的操作方法	操作视频	
7	轮廓加工线的划线	通过视频介绍划錾口手锤轮廓加工线的操作方法	操作视频	
8	錾口手锤－锯削斜面	通过视频介绍锯削錾口手锤斜面的操作方法	操作视频	
9	錾口手锤－锉削轮廓面	通过视频介绍锉削錾口手锤轮廓面的操作方法	操作视频	
10	錾口手锤方头倒角边界线的划线	通过视频介绍划錾口手锤方头倒角边界线的操作方法	操作视频	
11	錾口手锤－方头倒角面的锉削	通过视频介绍锉削錾口手锤方头倒角面的操作方法	操作视频	
12	錾口手锤－螺孔中心线的划线	通过视频介绍划錾口手锤螺孔中心线的操作方法	操作视频	
13	錾口手锤－钻螺纹底孔并倒角	通过视频介绍钻錾口手锤螺纹底孔及倒角的操作方法	操作视频	
14	錾口手锤－攻螺纹	通过视频介绍錾口手锤攻螺纹的操作方法	操作视频	
15	錾口手锤－热处理	通过视频介绍錾口手锤热处理的操作方法	操作视频	
16	錾口手锤－成品检测	通过视频介绍检测錾口手锤成品的操作方法	操作视频	

三、对开夹板的制作

序号	名称	内容介绍	资源类型	二维码
1	对开夹板的制作	通过微课介绍对开夹板的制作工艺过程	微课	
2	领取工、量、刃具	通过视频介绍制作对开夹板所需要的工、量、刃具等	操作视频	
3	检查夹板毛坯尺寸	通过视频介绍检查对开夹板制作前的毛坯尺寸的操作方法	操作视频	
4	锉削夹板 A、夹板 B 成方料	通过视频介绍将对开夹板毛坯制作成方料的加工过程	操作视频	
5	加工夹板头部 30° 斜面	通过视频介绍加工对开夹板头部 30° 斜面的操作过程	操作视频	
6	划通孔、螺孔和沉孔位置线	通过视频介绍划对开夹板通孔、螺孔和沉孔位置线的操作过程	操作视频	
7	孔加工	通过视频介绍加工对开夹板中各种孔的操作过程	操作视频	
8	螺纹加工	通过视频介绍加工对开夹板螺孔的操作过程	操作视频	
9	对开夹板质量检测	通过视频介绍检测对开夹板制作完成后质量的操作过程	操作视频	
10	对开夹板装配	通过视频介绍装配对开夹板的操作过程	操作视频	

第六部分　拓展任务

序号	名称	内容介绍	资源类型	二维码
1	U 形板的制作	通过微课介绍 U 形板的制作工艺过程	微课	
2	刀口形直角尺的制作	通过微课介绍刀口形直角尺的制作工艺过程	微课	
3	燕尾镶配件的制作	通过微课介绍燕尾镶配件的制作工艺过程	微课	
4	角度样板的制作	通过微课介绍角度样板的制作工艺过程	微课	
5	正六方体的制作	通过微课介绍正六方体的制作工艺过程	微课	
6	V 形块的制作	通过微课介绍 V 形块的制作工艺过程	微课	
7	U 形块的制作	通过微课介绍 U 形块的制作工艺过程	微课	
8	F 形块的制作	通过微课介绍 F 形块的制作工艺过程	微课	
9	定位块的制作	通过微课介绍定位块的制作工艺过程	微课	
10	十字块的制作	通过微课介绍十字块的制作工艺过程	微课	
11	双圆弧样板的制作	通过微课介绍双圆弧样板的制作工艺过程	微课	
12	限位块的制作	通过微课介绍限位块的制作工艺过程	微课	

续表

序号	名称	内容介绍	资源类型	二维码
13	凹凸、燕尾的锉配	通过微课介绍凹凸、燕尾锉配的制作工艺过程	微课	
14	对称样板的锉配	通过微课介绍对称样板锉配的制作工艺过程	微课	
15	组合燕尾的盲配	通过微课介绍组合燕尾盲配的制作工艺过程	微课	

下篇

知识索引

学习任务一　开瓶器的制作

学习环节一　接受工作任务

学习步骤	学生活动	学习内容	索引
一、阅读生产任务单	阅读生产任务单，明确生产任务	生产任务信息的收集与提取	—
二、识别开瓶器所用材料的牌号含义、性能及用途	识别 Q235 的牌号含义、性能及用途	碳素结构钢	《机械基础知识信息页》（以下简称《基础知识》）P112 ~ 113
三、识读并绘制开瓶器零件图	识读开瓶器零件图，明确加工尺寸要求，并完成开瓶器零件图的绘制	1. 制图基本知识（图幅、标题栏、图线等） 2. 尺寸注法	《基础知识》P1 ~ 6 《基础知识》P6 ~ 10

学习环节二　确定加工步骤

学习步骤	学生活动	学习内容	索引
一、制订工作进度计划	根据工作任务要求，制订合理的工作进度计划	工作进度计划	—
二、阅读加工工艺过程卡	识读开瓶器加工工艺过程卡	1. 生产过程与工艺过程 2. 机械加工工艺过程卡	《基础知识》P132 ~ 133 《基础知识》P135

学习环节三　加工准备

学习步骤	学生活动	学习内容	索引
一、认知钳加工	1. 查阅“钳工岗位认知”，明确钳工工作特点和主要工作任务，熟悉钳工工作场地 2. 查阅“钳工常用设备”，熟悉钳工常用设备及其用途 3. 查阅“钳工常用工具”，熟悉钳工常用工具及其用途 4. 查阅“钳工常用量具”，熟悉钳工常用量具及其用途	钳工岗位认知 钳工常用设备认知 钳工常用工具认知 钳工常用量具认知	P3 ~ 5 P13 ~ 26 P5 ~ 8 P8 ~ 10
二、确定划线步骤	查阅划线基础知识及划线操作，确定开瓶器划线步骤	划线基础知识及划线操作	P81 ~ 86

续表

学习步骤	学生活动	学习内容	索引
三、确定锯削方法	查阅锯削基础知识及锯削操作，选择开瓶器锯削方法	锯削基础知识及锯削操作	P93 ~ 98
四、确定孔的加工方法	查阅钻孔基础知识及钻孔方法，确定孔的加工方法	钻孔基础知识及钻孔方法	P104 ~ 110
五、选择内部余料的去除方法	查阅錾削基础知识及錾削方法，正确选择錾削方法	錾削基础知识及錾削方法	P86 ~ 92
六、选择锉削方法	查阅锉削基础知识及锉削方法，正确选择开瓶器内外轮廓锉削方法	锉削基础知识及锉削方法	P98 ~ 103
七、选择检测量具	1. 查阅资料，学会应用游标卡尺测量长度尺寸 2. 查阅资料，学会应用半径样板检测圆弧半径	游标卡尺的应用 半径样板的应用	P50 ~ 56 P63 ~ 64

学习环节四　制作开瓶器

学习步骤	学生活动	学习内容	索引
一、领取工量刃具和毛坯	1. 熟悉工作环境 2. 领取工量刃具和毛坯	1. 钳加工安全操作规程 2. 工量刃具和毛坯的领取与检查	P10 ~ 11 —
二、制作开瓶器	1. 划线 2. 钻孔 3. 錾削 4. 锉削开瓶器内轮廓 5. 锯削 6. 锉削开瓶器外轮廓 7. 检测 8. 记录加工过程中遇到的问题	1. 划线 2. 钻孔 3. 錾削 4. 锉削开瓶器内轮廓 5. 锯削 6. 锉削开瓶器外轮廓 7. 检测 8. 记录加工过程中遇到的问题	P132 P132 P132 P132 P132 P132 P132 —
三、清理现场，归置物品	清理现场，归置物品，设备、工具、量具的维护与保养	1. “7S”管理制度 2. 设备、工具、量具的维护与保养	P11 ~ 12 P15 ~ 17、P79 ~ 80

学习环节五　零件检测与加工质量分析

学习步骤	学生活动	学习内容	索引
一、领取检测量具	根据开瓶器零件图，明确开瓶器检测要素，领取检测量具	检测量具的领取与检查	—
二、检测开瓶器	根据检测项目与技术要求，进行零件检测	1. 游标卡尺的应用 2. 半径样板的应用	P126 P126
三、分析加工质量	根据检测结果，分析不合格项目的产生原因，并提出预防与改进措施	开瓶器加工质量分析	P92、P98、P103、P109 ~ 110
四、保养及归还量具	维护和保养所用量具，并按要求归还	游标卡尺的维护与保养	P53
五、交付产品	将合格产品交付生产技术部	产品交付步骤	—

学习环节六　工作总结与评价

学习步骤	学生活动	学习内容	索引
一、展示与评价作品	1. 进行作品展示，选派代表进行汇报 2. 记录其他小组对本组作品的评价和改进建议，总结缺陷原因，优化工作策略	1. 作品展示与评价 2. 缺陷原因分析	— —
二、总结工作经验	结合开瓶器完成情况，总结工作经验	1. 工作总结方法 2. 加工策略优化	— —
三、估算成本	结合开瓶器完成情况，进行成本估算	成本估算方法	—

学习任务二　錾口手锤的制作

学习环节一　接受工作任务

学习步骤	学生活动	学习内容	索引
一、阅读生产任务单	查阅生产任务单，明确生产任务	生产任务信息的收集与提取	—
二、识别錾口手锤所用材料的牌号含义、性能及用途	查阅资料，明确 45 钢的牌号含义、性能及用途	优质碳素结构钢	《基础知识》P113
三、识读并绘制錾口手锤零件图	识读錾口手锤零件图，明确加工尺寸要求，并完成錾口手锤零件图的绘制	1. 图样的基本表示法 2. 螺纹的表示法 3. 几何公差标注 4. 表面结构要求 5. 钢的热处理	《基础知识》P16 ~ 25 《基础知识》P25 ~ 36 《基础知识》P76 ~ 98 《基础知识》P98 ~ 106 《基础知识》P120 ~ 124

学习环节二　确定加工步骤

学习步骤	学生活动	学习内容	索引
一、制订工作进度计划	制订合理的工作进度计划	工作进度计划	—
二、阅读加工工艺过程卡	识读錾口手锤加工工艺过程卡，明确錾口手锤的加工步骤	1. 錾口手锤加工工艺过程卡 2. 基准的选择	— 《基础知识》P137 ~ 143

学习环节三　加工准备

学习步骤	学生活动	学习内容	索引
一、选择平面锉削方法	选择平面锉削方法	平面锉削方法	P101 ~ 102
二、确定螺纹加工方法	确定螺纹加工方法	攻螺纹基础知识及操作方法	P115 ~ 118
三、确定錾口手锤头部热处理方法	确定錾口手锤头部热处理方法	钢的热处理知识	《基础知识》P120 ~ 124
四、确定检测量具	选择检测量具	1. 千分尺工作原理及读数方法 2. 平面度、平行度、垂直度的检测 3. 表面粗糙度的检测	P56 ~ 59 P75 ~ 76、P67 ~ 69 P78 ~ 79

学习环节四 制作錾口手锤

学习步骤	学生活动	学习内容	索引
一、领取工量刃具和毛坯	1. 熟悉工作环境 2. 领取并检查工量刃具和毛坯	1. 钳加工安全操作规程 2. 工量刃具和毛坯的领取与检查	P10 ~ 11 —
二、制作錾口手锤	1. 将毛坯锯、锉成长方体 2. 精锉长方体 3. 划线 4. 锯削斜面 5. 锉削轮廓面并倒角 6. 钻螺纹底孔并孔口倒角 7. 攻螺纹 8. 热处理 9. 记录加工过程中遇到的问题	1. 将毛坯锯、锉成长方体 2. 精锉长方体 3. 划线 4. 锯削斜面 5. 锉削轮廓面并倒角 6. 钻螺纹底孔并孔口倒角 7. 攻螺纹 8. 热处理 9. 记录加工过程中遇到的问题	P133 P133 P133 P133 P133 P133 P133 P133 —
三、清理现场，归置物品	清理现场，归置物品，设备、工具、量具的维护与保养	1. “7S”管理制度 2. 设备、工具、量具的维护与保养	P11 ~ 12 P15 ~ 17、P79 ~ 80

学习环节五 零件检测与加工质量分析

学习步骤	学生活动	学习内容	索引
一、领取检测量具	根据錾口手锤零件图，明确錾口手锤检测要素，领取检测量具	检测量具的领取	—
二、检测錾口手锤	根据检测项目与技术要求，进行零件检测	1. 应用千分尺检测长度尺寸 2. 平面度的检测 3. 平行度的检测 4. 垂直度的检测 5. 表面粗糙度的检测	P126 P127 P67 ~ 69 P67 ~ 69 P127
三、分析加工质量	根据检测结果，分析不合格项目的产生原因，并提出预防与改进措施	錾口手锤加工质量分析	P92、P98、P103、P109 ~ 110
四、保养及归还量具	维护和保养所用量具，并按要求归还	量具保养方法	P79 ~ 80
五、交付产品	将合格产品交付生产技术部	产品交付步骤	—

学习环节六　工作总结与评价

学习步骤	学生活动	学习内容	索引
一、展示与评价作品	1. 进行作品展示，选派代表进行汇报 2. 记录其他小组对本组作品的评价和改进建议，总结缺陷原因，优化工作策略	1. 作品展示与评价 2. 缺陷原因分析	— —
二、总结工作经验	结合錾口手锤完成情况，总结工作经验	1. 工作总结方法 2. 加工策略优化	— —
三、估算成本	结合錾口手锤完成情况，进行成本估算	成本估算方法	—

学习任务三　对开夹板的制作

学习环节一　接受工作任务

学习步骤	学生活动	学习内容	索引
一、阅读生产任务单	阅读生产任务单，明确生产任务	生产任务信息的收集与提取	—
二、识读对开夹板图样	识读对开夹板图样，明确加工尺寸要求	1. 对开夹板图样 2. 螺纹的画法 3. 螺栓连接	— 《基础知识》P31～32 《基础知识》P32～36

学习环节二　确定加工步骤

学习步骤	学生活动	学习内容	索引
一、制订工作进度计划	制订对开夹板工作进度计划	工作进度计划	—
二、编制对开夹板加工工艺	编制对开夹板加工工艺	编制对开夹板加工工艺	—
三、填写对开夹板加工工艺过程卡	填写对开夹板加工工艺过程卡	机械加工工艺过程卡	《基础知识》P135

学习环节三　加工准备

学习步骤	学生活动	学习内容	索引
一、认识砂轮机	1. 查阅相关技术资料，明确砂轮机的组成 2. 查阅资料，说明砂轮机的操作方法及操作时的安全注意事项	砂轮机的结构、操作方法及操作时的安全注意事项	P17、P123
二、认识麻花钻	1. 查阅资料，明确麻花钻切削部分的刃磨要求 2. 查阅资料，明确麻花钻刃磨时的操作技术要点及安全注意事项	麻花钻的结构及刃磨方法	P37～42

学习环节四　制作对开夹板

学习步骤	学生活动	学习内容	索引
一、领取工量刃具和毛坯	领取并检查工量刃具和毛坯	工量刃具和毛坯的领取与检查	—
二、制作对开夹板	1. 检查夹板毛坯尺寸 2. 锉削方料 3. 锯、锉夹板头部 30° 斜面 4. 划通孔、螺孔和沉孔位置线 5. 孔加工 6. 攻螺纹 7. 装配对开夹板 8. 记录加工过程中遇到的问题	1. 检查毛坯尺寸 2. 锉削方料 3. 锯、锉夹板头部 30° 斜面 4. 划通孔、螺孔和沉孔位置线 5. 孔加工 6. 攻螺纹 7. 装配对开夹板 8. 记录加工过程中遇到的问题	P134 P134 P134 P134 P134 P134 P134 —
三、清理现场，归置物品	清理现场，归置物品，设备、工具、量具的维护与保养	1. “7S”管理制度 2. 设备、工具、量具的维护与保养	P11 ~ 12 P15 ~ 17、P79 ~ 80

学习环节五　零件检测与加工质量分析

学习步骤	学生活动	学习内容	索引
一、领取检测量具	根据对开夹板零件图样，明确检测要素，领取检测量具	检测量具的领取	—
二、检测对开夹板	根据检测项目与技术要求，进行零件检测	1. 百分表的应用 2. 游标万能角度尺的应用	P64 ~ 65 P69 ~ 72
三、分析加工质量	根据检测结果，分析不合格项目的产生原因，并提出预防与改进措施	对开夹板加工质量分析	P92、P98、P103、P109 ~ 110
四、保养及归还量具	维护和保养所用量具，并按要求归还	量具的维护与保养	P79 ~ 80
五、交付产品	将合格产品交付生产技术部	产品交付步骤	—

学习环节六　工作总结与评价

学习步骤	学生活动	学习内容	索引
一、展示与评价作品	1. 进行作品展示，选派代表进行汇报 2. 记录其他小组对本组作品的评价和改进建议，总结缺陷原因，优化工作策略	1. 作品展示与评价 2. 缺陷原因分析	— —
二、总结工作经验	结合对开夹板完成情况，撰写工作总结	1. 工作总结方法 2. 加工策略优化	— —
三、估算成本	结合对开夹板完成情况，进行成本估算	成本估算方法	—